身心灵魔力书系　　情感丛书

SHEN XIN LING MO LI SHU XI QING GAN CONG SHU

程　石/著

C / H / A / R / M

魅力

为君谈笑静胡沙

中国出版集团　　现代出版社

图书在版编目(CIP)数据

魅力:为君谈笑静胡沙 / 程石著. —北京 : 现代出版社, 2013.11
(2021.3 重印)

ISBN 978 - 7 - 5143 - 1816 - 6

Ⅰ. ①魅… Ⅱ. ①程… Ⅲ. ①修养 - 通俗读物
Ⅳ. ①B825 - 49

中国版本图书馆 CIP 数据核字(2014)第 046377 号

作　　者	程　石
责任编辑	李　鹏
出版发行	现代出版社
通讯地址	北京市安定门外安华里 504 号
邮政编码	100011
电　　话	010 - 64267325 64245264(传真)
网　　址	www.1980xd.com
电子邮箱	xiandai@cnpitc.com.cn
印　　刷	河北飞鸿印刷有限责任公司
开　　本	700mm × 1000mm　1/16
印　　张	11
版　　次	2013 年 11 月第 1 版　2021 年 3 月第 3 次印刷
书　　号	ISBN 978 - 7 - 5143 - 1816 - 6
定　　价	39.80 元

版权所有,翻印必究;未经许可,不得转载

P 前　言
REFACE

- -

为什么当今时代的青少年拥有幸福的生活却依然感到不幸福、不快乐？怎样才能彻底摆脱日复一日的身心疲惫？怎样才能活得更真实快乐？

在英国最古老的建筑物威斯敏斯特教堂旁边，矗立着一块墓碑，上面刻着一段非常著名的话：当我年轻的时候，我梦想改变这个世界；当我成熟以后，我发现我不能够改变这个世界，我将目光缩短了些，决定只改变我的国家；当我进入暮年以后，我发现我不能够改变我们的国家，我的最后愿望仅仅是改变一下我的家庭，但是，这也不可能。当我现在躺在床上，行将就木时，我突然意识到：如果一开始我仅仅去改变我自己，然后，我可能改变我的家庭；在家人的帮助和鼓励下，我可能为国家做一些事情；然后，谁知道呢？我甚至可能改变这个世界。

的确，在实现梦想的进程中，适当缩小梦想，轻装上阵，才有可能为疲惫的心灵注入永久的激情与活力，更有利于稳扎稳打。越是在喧嚣和困惑的环境中无所适从，我们越觉得快乐和宁静是何等的难能可贵。其实"心安处即自由乡"，善于调节内心是一种拯救自我的能力。当人们能够对自我有清醒认识，对他人能宽容友善，对生活无限热爱的时候，一个拥有强大的心灵力量的你将会更加自信而乐观地面对现实，面向未来。

本丛书将唤起青少年心底的觉察和智慧，给那些浮躁的心清凉解毒，进而帮助青少年创造身心健康的生活，来解除心理问题这一越来越成为影响青少年健康和正常学习、生活、社交的主要障碍。本丛书从心理问题的普遍性着手,分别描述了性格、情绪、压力、意志、人际交往、异常行为等方面容易出现的一些心理问题,并提出了具体实用的应对策略,以帮助青少年朋友科学调适身心,实现心理自助。

C目　录
ONTENTS

第十一章　做一个自信的人

第一章
神奇的魅力

　　有魅力的人，所向披靡。当然没有魅力的人，有时做事也会成功，但这是做事成功，而有魅力的人成功做事是在成就自己。只有成功一次接一次地到来，你才会魅力四射，长盛不衰。一旦有了超强的魅力，你会发现，成功已成为你生命中的一部分，并成为你自己的一种习惯，受人拥戴，而没有魅力的人，只会惹人嫉妒。对于有魅力的人来说，不必再花费心思去找什么理由了，魅力本身就是理由，魅力就如魔力。成功对他来说是显而易见的。反过来，你越是成功了，你就越有魅力，越有魅力，就越易成功，可以说魅力与成功是相互促成的。

一、什么是魅力

魅力是指特别的吸引力、迷惑力。魅,引诱、吸引以人为主要对象的用语。笑的魅力、声音的魅力、眼神的魅力、身体的魅力、性格的魅力、人格的魅力……人的魅力可以无所不在,包括发怒、忧伤、哭泣等负面情绪也会成为魅力的源泉。对一个人是否具有魅力的判断,依赖直觉、不假思索、不加选择的结果常常会与深入考察之后的结论同样准确而持久。所以"一见钟情""一见如故"这样的成语总也不过时。

魅力不是一个定量的概念,也不像乙肝疫苗只要种下就能对所有乙肝病免疫。一个人的魅力对甲而言,是惊心动魄不可抗拒的,对乙可能就平淡无奇甚至不屑一顾。魅力一旦产生就有了一些神奇色彩。一位朋友曾告诉我,他因喜欢一位先生的文章而喜欢先生这个人,终至于连这位先生的笔误也喜欢。魅力有时就像流星一样是不可思议不可理喻的,它能吸引其他人对它做出更多的感情、时间、物质上的投资。

让我们听听以为本没想到、在受到诱惑之前甚至曾抵抗它的人是怎样描述魅力的。

他在会见每一个人的时候都全身心地关注对方……他散发着温暖的气息;他看上去是真心地喜欢你,无论你是否喜欢他。我只能在心里推测他的魅力有多少是与生俱来的,有多少是后天形成的。我唯一能够确认的是,就在那短短的会面中,我完全被一位自己从未认同过也从未想过会喜欢的人给迷住了。

当我们讨论魅力的时候,我们说的并不是餐桌礼仪、漂亮的容貌或华丽的着装,我们说的是更深层次的东西,真正的魅力是超越外表的。魅力是某些人拥有的一种能力,这种能力能够营造出一种极为融洽的氛围,让与他们在一起的每个人都感觉自己拥有一种无与伦比的体验。魅力有一种迷人的品质,让我们几乎出于本能地在情绪上对它产生强烈的反应。

你可能会对自己说:"人必须天生具有魅力,如果没有,那只能怪运气不好!"以前,我们也曾这样认为,但在这么多年的研究、实验以及在人与人沟通技巧的教学活动中,我们发现了大量与之相反的证据。

　　毫无疑问,有些人确实天生具有魅力,这是他们的优势,但魅力并不是人体基因里的某种神秘成分。魅力是使用一些特殊技巧的结果,只是我们大多数人对这些技巧知之甚少,甚至毫不了解。这就是说,魅力是可以学习的。

魔力悄悄话

　　一个人成功的途径和方式有很多种,但我们不难发现,成功者一般都具有优秀的品质,都具有魅力。在人类社会中无论你有多高贵,还是你多平凡,都得依赖你的魅力在人群里、在社会中留下美名。

二、魅力的力量与根本

1. 魅力的力量

罗恩·阿登讲述了其亲身经历的故事,证明了魅力的力量是真实存在的。故事发生在 20 世纪 70 年代。

从那时起我才真正意识到魅力的力量。有一位在洛杉矶的朋友打来电话,邀请我和妻子尼基参加欢迎伊万·贝罗尔德和他的妻子玛丽安娜的宴会。他们刚刚从南非来,伊万是个英俊的家伙,他是一名出色的演员,也是我的好朋友,我以前在南非拍戏的时候结识了他。

一个周六下午,我们如约前往,在花园里加入了聚会的人群。人们在吧台旁轻松地交谈,当然其中也包括伊万和玛丽安娜。我们彼此打了招呼,四个人就挤到餐桌前聊天。

后来,下午晚些时候,我看见尼基在和伊万聊天,我发现我那平时头脑很冷静的亲爱的妻子好像完全被伊万迷住了。我想:"到底是怎么回事?她表现得简直就像追星族少女一样。"一股莫名的妒意向我袭来,我赶忙加入他们的谈话。

后来,我问尼基:"伊万哪里吸引你,让你完全被他吸引?"

她略微思索了一下,说:"当他对你说话的时候,好像你和他在与世隔绝的空间里一样,对他而言,除了你世上别无他物。当他听你说话的时候,好像你所说的一字一句都非常重要,需要他全心倾听。"

我仔细想了想,发现尼基说得完全正确。从我认识伊万起,他跟任何人在一起的时候都表现出那种特质,他时刻都散发着魅力。这就是伊万为何是个"万人迷"的原因,他既赢得女性的好感,也受男性的欢迎。

尽管这件事情已经过去 20 多年了,但至今仍印在我的脑海里,仿佛就发生在昨天。得益于我亲爱的妻子的提醒,那是我第一次对魅力产生浓厚的兴趣。

我对魅力的兴趣日益增长,开始研究和辨识有魅力的人的言谈举止。我也询问过一些具有魅力的人,想知道他们是怎样影响别人以及他们自己的感觉如何。在研究过程中,我发现了一个奇妙的事实:有魅力的人在带给别人快乐的同时,自己也享受着快乐。

于是我开始将研究成果归纳分类,分为各种明确的、可操作的课程,每个课程都有自己的一套简单的原则和技巧,易懂、易学、易练。

博恩·崔西和我已经运用这些方法成功地培训了很多人,有商业目的的学员,也有社会目的的学员。现在,你们也能学会如何控制自己的力量以影响别人。一旦你学会如何使用魅力,你就能自由支配通向成功最宝贵的要素之一,如何让别人感觉自己很棒。

2.魅力的根本

追求前卫的帅哥靓女,认为王菲的另类,华仔的扮酷是一种魅力;热情奔放的体育迷,视乔丹的上篮,贝克汉姆的进球为一种魅力;音乐 Fans 的眼中,张学友的歌声、杰克逊的舞姿散发着迷人的魅力;《蒙娜丽莎》的微笑,《圣母与圣婴》的浓浓亲情,无不令美术创作者感受到超乎现实之完美的魅力;而《草原上升起不落的太阳》《弹起我心爱的土琵琶》这些经典的老歌,带给父母一代人的却是一份久远的魅力。

诸如此类,魅力各异。但什么是魅力的源泉,怎样才能让魅力永驻呢?我认为人格的魅力乃是魅力之根本。只有外在的行为、举止成为你内心深处人格魅力一种映照时,这种外在美带给人们的才是一种持久的魅力。

例如我们所敬仰的周总理,他的人格魅力使他在各国人的眼中、几代人的心中定格成一位温文尔雅、风度翩翩的风云人物,一位真诚可信的朋友,一位平易近人的总理。

在国际舞台的钩心斗角中,他侃侃而谈,陈其利弊,以诚相待,留给世界人民的是一种永恒的魅力,这种魅力也正是来自总理心中的那理解、宽容与真诚。在别国困难之际,他又能带领全国人民发扬国际主义精神,无条件地伸出援助之手,体现出了一种民族的美德和个人的魅力,这种人格的魅力也将永远印在外国人的脑海之中。在深夜的一辆公交车上，他亲自体察售票员的辛苦，亲切地与之交谈，平易近人的话语无不让人感觉到他那时时惦记人民、处处为人民服务精神与魅力。

发自内心的人格魅力是永恒的，它好比一壶陈年佳酿，存的年代越久，品起来越有味道。而没有内在品位的外在魅力就如划过天际的一颗流星，终将在世人的眼中一闪而过。

风靡一时的"猫王"，他的摇滚音乐可谓一种魅力，但这种魅力很快随着他吸毒等生活方式的腐化而黯然失色；声极一时的毛阿敏，她的歌声可称之有一定的魅力，但终究随着她偷税事件的曝光而荡然无存。

魔力悄悄话

如果你想拥有一份引人持久之魅力的话，请你找好它的根，并摆正它在你心中的位置，让你的魅力之树四季常青！种种事实，条条经验，无不向我们宣布着这样一条真理；只有人格的精彩才能永葆外在魅力的青春、魅力之本及为人之本。

三、魅力能够做什么

有魅力的人常常能引起更多人的注意,因此能得到更多的机会。他们能获得一些良机,这些是别人可能永远无法拥有的。他们很容易被谅解,尽管同样的事情发生在别人身上会被恨之入骨。他们会被告之一些事情,这些事情是别人可能从未听说过的。人们总是为有魅力的人寻找托词,心甘情愿地帮助他们,尽量把他们往好处想。想想看,你可能认识某个让你非常佩服的颇有内涵的人,那么你就已经是某个人魅力攻势的俘获者了。

大家时常会碰到这样的一些人,他们可以用魅力完全迷倒你。他们看起来是真心喜欢你,很在乎你的意见,全身心地关注你,眼中绝无他人。当他们跟你在一起的时候,仿佛他们的全部世界里只有你一个人,不管旁边还有谁。他们让你感觉到你是他们遇到的最棒的、最重要的人物。跟他们在一起的时候,你很快乐,完全不会用批判的眼光做任何评价。还记得当时的感觉有多美妙吗?我敢说,你肯定感觉棒极了!想一想,能够让一个人感觉自己很棒,这将产生什么样的力量?这种力量是无穷的!

如果你在任何时间、任何地点都能够让别人产生这种特别的感觉,那结果将会怎样?你觉得这种能力将给你的个人生活和职业生涯带来什么好处?相信我,它绝对是无价之宝!一旦你掌握了让人感觉特别的能力,回报将随之而来。

魔力悄悄话

魅力具有诱惑性和吸引力。就像慢慢绽开的花瓣朝着和煦的阳光绽放一样,我们也要敞开心扉向着迷人的魅力敞开怀抱。魅力就像一位具有强大吸引力的人,使我们被他的魔力所吸引。

第二章
魅力的外在表现

　　魅力是一种生活状态。中国形象设计协会秘书长程从正说：不是每个人都有美丽的外表，但每个人都有属于自己独特的魅力。在社会的大舞台上，美丽经不起太多的风吹雨打，只有魅力之花才能永远盛开！魅力有一种能使人开颜、消怒，并且悦人和迷人的神秘品质。它不像水龙头那样随开随关，突然迸发。它像根丝巧妙地编织在性格里，它闪闪发光，光明灿烂，经久不灭。人心所向的都是心灵美，也就是内在的美，所以人格魅力是很重要的，尽情散发你的人格魅力，相信你将会是一个很有魅力的人。

一、魅力与气质如影相随

魅力是一种威力巨大的影响力。当你在一个富有魅力的人面前时,你会被他所感染。他的一颦一笑,一举一动,你几乎无法拒绝他的任何要求(有时甚至不管这些要求是否合理)。有魅力的人,所向披靡。魅力就如魔力一样,能让人心想事成,因此谁都希望自己的魅力多一点、再多一点。那么,"魅力"究竟是由什么组成呢?

浅层次的魅力,着重于个人形象。良好的形象是美丽生活的代言人,是走向人生更高阶梯的扶手,是进入成功殿堂的敲门砖。保持良好的形象,既是尊重自己,更是尊重别人,良好的形象是成功人生的资本。好形象不仅是外表的美丽,更重要的是内在素质和修养的体现。

宝石抛光后更加夺目,这是因为它本身的质地作保障。只有心灵美才是真正的美,才是永久的美,才能使你的个人形象散发出真正迷人的魅力。一个妖媚动人的美女,能够使得无数男人神魂颠倒,其魅力可谓大矣。可是,当人们发现这个女人既贪婪又邪恶时,她的"魅力"就会顿时云消雾散,无影无踪,这就是"魅力"。

气质是魅力的源泉,要想永葆魅力,就必须有美的气质。从美学的角度来看,气质指的是一个人特有的相对稳定的风格、风度及风貌,是由人所处的环境及其心理因素决定的。然而每个人都有自己的审美观点,你有你的看法,我有我的眼光。气质可谓是仁者见仁,智者见智,无法统一,仿佛是一个谜,但气质美的人一定有魅力,一定是生活和工作中的强者。

气质是以人的文化素质、文明程度、思想品质为基础的,同时还要看他对待生活的态度。一个怀有远大理想和高雅气质的人自然也是一个谦虚朴实的人,知荣明耻,表现为诚实守信、勇于进取;在现实面前,能把自己的愿望和事业结合起来,认真去实践,并在实践中得到充实,精神振奋,神采飞扬,给人以真诚,生气勃勃的感觉;在遇到困难挫折时,总是孜孜不倦,锲而不舍,给人以自强不息的感觉;在生活中永远展露迷人的微笑,笑对人生、笑对挫折,用你的热情和友爱去感染身边的每一个人,也感染你自己,用你自然的微笑去抛洒爱的雨露,去化解人间隔阂,消除心理的障碍,在和睦与和谐的人际关系中你会感觉到天空分外蓝,生活无限好,而你的魅力便会悄然绽放。可以说气质影响着情感,反过来情感又滋润着气质。

魔力悄悄话

魅力更是一种自然流露的内在气质,是自信的表现,是智慧的渗透,是修养的结晶。人的魅力不仅来自美的外貌形象,而且主要来自人的内在高雅气质。漂亮的外貌,自然值得庆幸,但并不代表永远有魅力,因为人的相貌是天生的,会被流逝的岁月夺去光彩,但是气质却会随着自身修养的完善和自我价值的丰富一直保持下去。

二、青少年的魅力修炼

谈到魅力，以往人们常常会联想到美貌、青春等这些外表印象。而如今，"魅力"的概念早已变得不那么单一、直观了。

魅力不再仅仅针对外在容貌而言，更含有生活态度、为人处世、个性品位等方面的成分。

通过以下的文字可以让青少年了解以下一些从日常生活中总结出来的增添魅力妙招。

神态表情自然而丰富。在人与人的互相沟通中，表情是最有品质的交流，也是心有灵犀的交流境界。

日常神态表情的单调、固定化，易带给人呆板无趣之感。让表情自然生动地流露你对生活每时每刻的感受吧，即使你相貌平平，也会由此而显得感性率真、灵秀可爱，从而充满吸引力。

适度保持自我。有时候，过于迁就、盲从大流、无主见的性格反而会招致人反感或让人忽略，感觉不到你的存在。即使在公众场合，适度地保持自我也是应该的。

不妨想说就说，想笑就笑，想穿牛仔裤就不要难为自己老扮绅士淑女。但是切忌声音尖厉、粗俗，也不要走极端，以为与周围环境反差越大就越能突出自我。

要学会做水果拼盘里的那片菠萝或柠檬，既独特，又合群。

谈吐风趣幽默。风趣的谈吐是男性的处世法宝，也是女性的魅力元素。

偶尔开一些无伤大雅的小玩笑，或侃些调皮的小笑话，恰到好处地正话反说，适当地自嘲一下，令人乐不可支的同时，也使你充满情趣的形象更深入人心。

如果你天生缺乏幽默细胞，那么也不要紧，多翻翻书特别是漫画书，看看听听电视、电台里的智力游戏节目，有意无意地储备这类知识，诙谐的灵感便会适时地在你头脑里冒出来。

同样坐或立,有人显得平淡无神,而有人就传递出一种清新的气息,让人看着舒服。

魔力悄悄话

正确的坐姿:紧缩小腹,轻轻舒缓肌肉,让它在全然轻盈的状态之中呈现出最好的效果。正确的站姿:胸部扩张,背脊伸直,下巴收缩,收小腰,双腿内侧使力,脚后跟并拢,膝盖打直,肩膀自然下垂,不需使力。这样看上去才会让人觉得挺拔、优雅。

三、魅力的影响是无尽的

秦朝末年,在楚地有一个叫季布的人,性情耿直,为人侠义好助。只要是他答应过的事情,无论有多大困难,都设法办到,因此,得到大家的赞扬。

楚汉相争时,季布是项羽的部下,曾几次献策,使刘邦的军队吃了败仗,刘邦当了皇帝后,想起这事,就气恨不已,下令通缉季布。

这时敬慕季布为人的人,都在暗中帮助他。不久,季布经过化装后到山东一家姓朱的人家当佣工。朱家明知他是朝廷通缉的季布,仍收留了他,后来,朱家又到洛阳去找刘邦的老朋友汝阴侯夏侯婴说情。刘邦在夏侯婴的劝说下撤销了对季布的通缉令,还封季布做了郎中,不久又改做河东太守。

这时,季布的一个同乡人曹邱生,听说季布做了官,便前来巴结季布。季布一向看不起他。季布听说曹邱生要来,就故意不给他好脸色,让他下不了台。谁知曹邱生一进厅堂,不管季布的脸色多么阴沉,话语多么难听,立即对着季布又是鞠躬,又是作揖,要与季布拉家常叙旧,并吹捧说:"我听到楚地到处流传着'得黄金千两,不如得季布一诺'这样的话,您怎么能有这样好的名声传扬在梁、楚两地的呢?我们既是同乡,我又到处宣扬你的好名声,你为什么不愿见到我呢?"季布听了曹邱生的这番话,心里顿时高兴起来,留下他住几个月,作为贵客招待。临走,还送给他一笔厚礼。

后来,曹邱生又继续替季布到处宣扬,季布的名声也就越来越大了。

季布用诚信的人格魅力征服了他人,也救了自己。现在人们大多用"得黄金百斤,不如得季布一诺"来说明诚实守信是人永恒的人格魅力。

晋陶潜做了 80 天彭泽县令,郡里官员要来,按礼仪他须穿戴整齐行叩头拜见礼,陶潜为人刚直,说:"我岂能为了五斗米的官俸而折腰?"就放弃了官职回家闲居,并且为此做了一篇《归去来兮辞》,亦作"五斗折腰""五斗折"。

"五斗折腰"表示为了微薄的官俸而屈身事人。现在人们也常以"不为五斗米折腰"表达对陶潜刚直不阿的赞颂。

第一个获得"气象诺贝尔奖"的中国人叶笃正,如今已是一位"广受尊敬、世界闻名"的科学家,但他最引以为豪的始终是自己"中国人"的身份。

1940年,叶笃正从清华大学毕业,随后留学美国。1948年,叶笃正在美国芝加哥大学获得博士学位,并得到了一份年薪4300美金的工作。当时,美国的大学教授年薪不过5000美金。

然而,叶笃正并没有对这优厚的待遇动心,1950年,他毅然经香港回到中国内陆。在踏上祖国土地的那一刻,叶笃正泪流满面,像是一个离开多年的孩子终于又回到了母亲的怀抱。

叶笃正一直将"求真、务实"作为自己的人生信条。在超过半个世纪的科学研究中,叶笃正在大气动力学、大气环流、气候学以及全球环境变化等领域成就卓著,取得了众多开创性的研究成果。他最先提出的大气长波频散理论至今仍用于天气预报,而"夏季高原为热源"和"大气环流有季节性变化"的理论均已成为大气科学方面的经典。

现在,叶笃正已年近九旬,但是他总是随身带着本子,将自己想到的问题和偶尔出现的灵感记下来,并敦促自己尽快行动。除此之外,他还不遗余力地培养学生、提携后辈,至今桃李满天下。

心系祖国,求真、务实、提携后辈,都是叶笃正获得成功的动力源泉和人格魅力。我们应该学习他那种科学上求真、务实的精神,学习他那种心系祖国的爱国情怀,学习他那毫无保留、提携后辈的奉献精神。

特蕾莎是一名普通的修女,无钱、无势、无地位,除了爱一无所有。她的工作是护理和救助穷人。但是她的人格魅力却赢得了世人的尊敬和爱戴。

魔力悄悄话

"榜样的力量是无穷的",今天我们也可以这样说:"人格魅力的影响是无尽的。"的确如此,魅力的影响是无穷无尽的,它不会因时光的流逝而褪色,反而会因为岁月的磨洗更显耀眼光华。

四、人格魅力,成功的阶梯

人格魅力可以使一个人从无到有,可以使逆境中的人很快渡过难关,可以使人在最困难的时候有贵人相助……总之,人格魅力可以使人实现成功。

《大长今》是 2004 年在中国的热播剧。看《大长今》,一边为长今坎坷的经历唏嘘,一边又为她的好运气羡慕不已。她虽然一路走得艰难,但走到哪儿都能遇到贵人。从最开始的姜德久夫妇到韩尚富、郑尚官、郑主簿、张德,甚至是张尚膳、皇后和皇上,这些人都是她生命中很重要的贵人。长今的贵人当然也包括那些好姐妹:连生、闵尚官、信非、阿昌这样不同阶段结识的值得交往的好朋友。正是这些贵人使长今能够"历经重重磨难,最后修成正果"。

但是,你有没有想过为什么大长今总是能够得到贵人的相助?为什么那些人总是愿意去帮助她?

其中有一点我想也是所有看过这部电视连续剧的人的共同想法:长今这个女子既坚强又善良的高尚人格成就了她。她不论在逆境中怎样受人诬陷,忍受多么大的痛苦,都不改变真诚对人、与人为善的人格。

在她给杀害母亲的仇人崔尚宫娘娘治病时,本来她一针就可以报仇的,但她没有那样做。她说,她不会用卑鄙的手段来报仇的。她是一个温柔敦厚、美丽善良的女子,她高尚的人格一定会令今天为了权力、为了金钱、为了地位而不惜出卖朋友出卖灵魂的人无地自容。

大长今这个人物给我们表现出来的宽阔的胸襟、善良、坚韧不拔、积极向上等等,都是属于人格魅力。这也就是为什么大长今总是能够得到贵人相助的原因所在。

成功的企业背后一定有一位独具人格魅力的掌舵人。嘉鑫置业的总经理吴鹏飞就是一位独具人格魅力的人。一位员工悄悄告诉记者:吴总平时生活十分简朴,不事张扬,但他以身作则,兼容并蓄,让人既有些怕他又让人敬他。这让人想到蔡元培先生的一句话:"如果一个人能保持清淡的生活,能用持之以恒的精神对待一件小事,恐怕在这个世上就不会有什么事情与他为难了。"也许就是这种精神让吴鹏飞克服了创业的困难,从资金、技术、设备等几乎是零起步,率领员工从一栋楼的工程做起,从一点一滴做起,渡过一个又一个难关,为他事业的快速发展奠定了坚实的基础。

那么,如何判断一个人是否具有人格魅力呢?(1)可以和任何人愉快相处的"亲和力":"亲和力"来自一个人的修养,一个具有很好"亲和力"的人,也必定是可以很好地体现人格魅力的人。如果你有正确而全面的自我判断意识,始终保持超然的待人态度,掌握自知自明的观察和调节能力,随时帮助别人和为他人解决问题,你就可以具备非常有效的感染能力,就完全可以和不同类型的人愉快相处,充分发挥你的亲和能力。(2)受人欢迎的"自我形象":"自我形象"体现在诸多方面,如:你的仪表打扮、你的良好精神状态、你的语言感染力、你的习惯性守时守信、你的善解人意和体贴别人等等,如果可以把这些因素具体地落实在为人处世不卑不亢、待人接物落落大方上,那么你所塑造的"自我形象"就是很受人欢迎的。(3)组织、教育、沟通和管理"能力":"能力"通常是指能够发挥的力量,包括本能、技能、才能和智能等。个人行为表现的实际能力,心理学上称之为"成就";通过学习或训练在行为上表现出来的能力,心理学上称之为"潜能",即"性向",它分为两种,普通性向———一般性潜力;特别性向———某方面的超出常人的特别潜力。

魔力悄悄话

任何真正的成功都是做人的成功,任何失败都是做人的失败。从古至今,许多人都是靠伟大的人格魅力获得成功的。从心理学角度讲,人格决定命运。人格魅力是成功的阶梯。

五、拥有伟人一样的人格

毛泽东,伟大的马克思主义者,无产阶级革命家、战略家和理论家,中国共产党、中国人民解放军和中华人民共和国的主要缔造者和领导人。他的人格魅力永远照耀着我们。

他的一生非常喜欢挑战。

"自信人生二百年,会当水击三千里。"

他挑战自然、挑战对手、挑战社会、挑战世界,越是面临挑战,就越是冷静。

"与天奋斗,其乐无穷;与地奋斗,其乐无穷;与人奋斗,其乐无穷。"也是他一生挑战的写照。

毛泽东重情重义,虽是一代伟人但也有情深意长之时。

那首祭奠爱妻的《蝶恋花》词;

那块重庆谈判时郭沫若送的一直戴到去世的手表;

那封致恩师徐特立的信;

以及他那听到百姓受灾流下的热泪,与斯诺、胡志明等国际友人真诚的交往……

都记载着一位伟大而普通的领袖的喜怒哀乐、情深意长。

毛泽东一生读书、学习的精神更是让人敬佩不已。"我有读不完的书。每天不读书就无法生活。"

《资治通鉴》读了17遍,《红楼梦》读了5遍,通读了4000万字的《二十四史》,一生沉湎于书香笔墨的世界。

再让我们看看敬爱的周恩来总理那像高山流水一样的人格。

他为了国家的安定,在身息重病之际仍带病主持中央工作,忍辱负重同"四人帮"周旋、斗争,至死不忘祖国统一大业。他那种忧国忧民的情怀深深打动了我们。

他生平工作的办公室也是极其简朴的。

《一夜的工作》中说:"一间高大的宫殿式的房子,室内陈设极其简单,一张不大的写字台,两把小转椅,一盏台灯。如此而已。"我们被总理朴素的生活作风深深地震撼了。

周恩来总理以为国为民操劳为生,历史见证了他光辉的一生。他深深地爱着中国人民,人民对他也无限爱戴。

时间带不走他的丰功伟绩,就像高耸入云的丰碑,屹立在中国人民和世界人民的心中。

邓小平,这位改革开放和中国社会主义建设的总设计师,他能被世人所瞩目和崇敬,与他那崇高的人格魅力紧密关联,与他身上凝聚的中华民族精神紧密关联。

他好学、爱民、坚韧、务实,如此多的美好人格品质聚于一身,他是世人的楷模,更是我们学习的榜样。

邓小平的一生极为坎坷、曲折,三落三起,但他总是无私无畏、不屈不挠,始终坚持自己的信念,坚持对问题的思考,坚持对未来的希望。

也正是由于这种坚如磐石的意志,成了邓小平战胜挫折的一种人格力量。

他面对挫折时,百折不挠地克服困难,有勇气和毅力准备再走一个"万里长征",就在这样的"长征"思想中,他找到了一条属于中国特色的社会主义道路。

也正是这种人格魅力,使身处挫折逆境的邓小平为党和人民做出如此卓越的贡献。

挫折是生活中常见的磨难,主动去迎接艰难困苦的考验,用挫折去战胜自己,这对于未来能无所畏惧地迎接生活的挑战是十分有利的。

前途是光明的,道路是曲折的。

世上也没有笔直的路,只有善于在曲折道路上前进的人才能百战百胜、勇往直前。

因此,我们也要拥有伟人一样勇于战胜挫折的信念。

毛泽东、周恩来、邓小平三位伟人的人格魅力光照千古。这些伟人的人格魅力已升华为中华民族的精神。

它是我们党和人民在革命战争年代和社会主义建设历史时期形成的宝贵财富。

"伟大"一词往往被误用,而且它基本上也毫无意义,但无论我们怎么理解它,所谓的"伟大人物"是非常少的。他们也有很多明显的弱点,并且他们当中的大多数只能够做好一件事,但是他们在这件事情上做得非常出色。

我们是 21 世纪的接班人,既是中华民族精神的传承者,又是体现新时代进步要求的实践者。因此,我们应该学会拥有伟人一样的人格。

魔力悄悄话

思想政治教育是我国精神文明建设的首要内容,人格教育是思想政治教育的基础。中共中央书记处也提出"以伟人精神育人"的号召,继承革命传统,培养高尚的人格。因此,我们也应该拥有伟人一样的人格。

六、个人形象展示人格魅力

人格魅力是一个人心理素质和修养的外在表现,它能反映一个人的道德品格、思想情感、性格气质、学识教养、处世态度等。一个人能否为别人所接纳,是否具有人格魅力,关键在于他在别人心目中的形象如何。因此,我们不仅要注重心理素质的培养,而且更要看重个人的形象。

个人在他人心目中的形象主要通过以下几方面来体现:

1. 仪表整洁,衣着得体:仪表整洁,衣着得体是形象资本的第一要素。根据人际吸引的原则,一个人风度翩翩,俊逸潇洒,能产生使人乐于交往的魅力。不修边幅、肮脏、邋遢的人是不会吸引他人太多注意的。衣着服饰能反映一个人的审美情趣和修养,如果一个人的服饰能与自己的气质、职业一致,与自己的形体、年龄协调,与当时的气氛和场合相符,那将使他或她显得更潇洒精神,更讨人喜欢。

2. 精神饱满,神情自然:在社会交往中始终保持旺盛的精力、饱满的热情、大方自然的神情,是优化个人形象的重要因素。精神饱满是一个人的金字招牌,没有一个人愿意跟一个整天提不起精神的人打交道,没有哪一个老板愿意提拔一个精神萎靡不振、牢骚满腹的员工,没见过哪一个整天精神萎靡不振的人能够做出什么大事业。所以,与人交往,神采奕奕,精力充沛,显得富有自信,就能激发对方的交往热情,活跃交往气氛。

3. 谈吐幽默,言语高雅:谈吐能直接反映出一个人是博学多识还是孤陋寡闻,是接受过良好教育还是浅薄无知。一个不善言谈、沉默寡言的人很难引起他人注意。幽默是一种高超的语言艺术,幽默不仅能够帮助我们与他人沟通与交往,还能帮助我们处理一些人与人之间的摩擦,并使其顺利地渡过难关、解决难题。在社交中能侃侃而谈,用词高雅恰当,言之有物,对问题见解深刻,反应敏捷,应答自如,能够简洁、准确、鲜明、生动地表达自己的思想与情感,就表现出其不同凡响的气质和风度。因此,要想使自己更具人格魅力就要注意自己的谈吐幽默和言语高雅。

4. 举止大方:注意到自己的言行后,还得注意到自己的举止。朴素大方、温文尔雅的行为习惯,举止稳重,文明得体,坐、立、行的姿态正确雅观,能正确地表现出一个人的良好教养,给人留下成熟信赖之感,同时自己也会增强自信心。

魔力悄悄话

　　人格魅力是一个人心理素质和修养的外在表现,所以要想具有人格魅力,就必须不断优化个人的形象。优化个人形象,严格说来,是一种非规范、非格式的社交艺术,它需要我们每个人认真去揣摩和体会,不断地总结经验,形成自己独特的风格和魅力。

第三章 魅力从智慧做起

　　魅力并不只是漂亮、潇洒的年轻的专利，也不只为矫健、豁达的中年人所独有，更不会与稳重、睿智的老年人无缘。魅力是多方面的，多姿多彩的。不要刻意去模仿别人的风度，因为你有你的形象和气质，如果把别人的魅力完全套用在你的身上，未必还有原来的光彩，"东施效颦"是不可取的。树立你的雄心壮志，开发你的聪明才智，拓展你的事业天空，自信自然做最独特的你自己，把你良好的外在形象和高雅的内在气质有机结合在一起，魅力会像玫瑰般芬芳从你的身上散发出来，你就是一个有魅力的人。

一、自知无知是最大的智慧

人们向来崇尚知识渊博者,在古龙小说中有位百晓生,看那名字,就知道他颇以知道得多而自诩。然而,生活中像这样的人毕竟是极少数。人的时间、精力是有限的,人的认知能力也是有局限性的。所以,任何一个人都不可能无所不知,所以,自知无知便是最大的智慧。

有一天,苏格拉底的一位朋友特意跑到特尔斐神庙,向神谕请教一个问题:"世上还有比苏格拉底更聪明的人吗?"

神谕曰:"没有谁比苏格拉底更聪明。"

苏格拉底的这位朋友听到神这样说很是高兴,便把这个好消息告诉了苏格拉底,可是他从苏格拉底脸上看到的却是茫然和不安。

苏格拉底认为他不是最聪明最有智慧的人。于是,他决定要寻找一位智慧声望超过他的人,以驳斥神谕的话不成立。

他首先找到一位政治家。政治家以知识渊博自居,和苏格拉底侃侃而谈。苏格拉底从中看清了政治家自以为是其实是无知的真面孔。他想,这个人虽然不知道善与美,却自以为无所不知,我却认识到自己的无知,看来我似乎比他聪明一点儿。

苏格拉底还不满足,依然继续寻找。他找到一位诗人,与他聊天,发现诗人不是凭借智慧,而是凭借灵感写作,有时甚至对自己写的东西也一窍不通。

接下来,苏格拉底又向一位工匠讨教,想不到工匠竟重蹈诗人的覆辙,因一技在手便以为无所不能,这种狂妄反而消磨了他所固有的智慧之光。

最终,苏格拉底明白了:"神谕之所以说我是最智慧的,不过是因为我知道自己无知;别的人也同样是无知,但是他们连这一点都认识不到,总以为自己很智慧。仅凭这一点,神谕说我比别人聪明就对了!"

苏格拉底的这个小故事是在告诉我们,自知其无知是最大的智慧,不知其无知是最大的愚蠢。库萨的尼古拉说过"有知识的无知",中国先秦的孔子说过"知之为知之,不知为不知,是知也",老子说过"知不知,尚矣;不知知,病矣"。这些话都有异曲同工之妙。

"学海无涯"道出了一句真理:学习是无止境的。所以,不论学了多少知识,学了多久知识,于无涯的知识而言,每个人都是无知者。

自知无知,不仅是一种做学问的境界,更是一种做人的态度。无名为天地之始,无知是智慧之始。生活在现代都市的我们,更需要有这份自知无知的泰然处世的人生态度。

魔力悄悄话

老子有句名言"知人者智,自知者明",苏格拉底以"自知其无知"的智慧而自豪。"自知其无知"实际上就是一种"大巧若拙""大智若愚"的境界。这也就是真正的大智慧。

二、知己者明

我们再来看看著名的石油大王约翰·D·洛克菲勒是怎样由"不自知"到"自知之明"的以及给人们的启发。

约翰·D·洛克菲勒是美孚石油公司(标准石油)的创办人。据说他23岁时就全力追求他的赚钱目标,到33岁赚到了100万美元,43岁他创立了世界上前所未有的最大的垄断公司企业"标准石油公司"。43岁的他是世界上最富有的人,他一周的收入可以达到100万美元。他非常了解市场、了解对手,但是他却不了解自己。

这是怎么回事呢?正当他事业上如日中天的时候,他的身体却在一步步走下坡路。最后还是医生告诉他身体的恶化情况,失眠、消化不良、头发和眼睫毛都掉了,整个人"像个木乃伊"。医生不得不让他做出选择,一是财富和烦恼,一是生命本身。

洛克菲勒在医生和事实的面前,才开始重新认识自己,于是他选择了后者,即生命,即退出原来那种生活。有人说他如果再不认识自己,那么他很快就结束了生命,五十几岁就死了。正因为他顿悟了,及时了解自己之明,因此有人说他多活了40多年。他退休了,重新调整了自我,结果他竟然活到98岁。

正因为重新认识了自己,他又重新去认识金钱与事业。他从以前贪欲地占有财富转变为热心去做慈善等事业,比如他曾经捐出数百万美元,去支援一所因抵押权而关闭的学校,将它建设成为举世闻名的芝加哥大学。他成立了一个庞大的国际性基金会,致力于消除世界各地的疾病、文盲、无知。在他的资助下,发现了盘尼西林以及其他多种发明。

只有认真了解自己的人,才是最聪明的人,才是大智慧的人!否则,自己找不到工作都不知道是什么原因。

林红是一位从上海财经大学刚刚毕业的大学生,她到青岛一家公司实习。她非常傲慢,觉得自己是从上海来的,就感觉自己是从外星球来的一样。

一天到晚,她根本不知道学习,口出狂言说自己想当基金经理,说什么自己已经过了英语六级,找一个好点儿的工作肯定不成问题。

就这样,两个月的实习很快就过去了,她根本就没有学到什么,最后心浮气躁地走了。

但是,也许是造化弄人,过了半年,她又来到了青岛这家曾经实习过的单位。她说自己找了好多单位,没有几个单位愿意要她,到现在都没有找到工作,就抱着试试看的希望来到了这里,恳求能够用她。

但是,公司的经理早就看出她是一个非常轻浮的人,所以没有用她。

林红到现在都不能正视自己,自己连自己都不了解。在现在这样的社会,她还在想自己是象牙塔里的天之骄子。这就是一个很典型的不能正视自己也不能看清社会这个大环境的人。

人要了解自己,那么又怎样才能了解自己呢?

1. 了解自己是谁,出生在一个怎样的家庭,受过怎样的教育。

2. 了解自己在哪方面擅长,在哪方面不擅长,在擅长的方面,哪些可以成为自己在工作中的优势,哪些又不可以,哪些还需再加以强化。

3. 了解自己内心最想要的是什么。

4. 你怎样描述自己目前的状况? 你对你目前的状况满意吗?

5. 你的目标是什么? 你的主要兴趣是什么?

6. 你最崇拜的人是谁?

7. 你最欣赏的一句话是什么?

8. 你最喜欢读的书是什么?

多问一些与自己有关的问题,便能使你更好地了解自己。

魔力悄悄话

老子教导我们:"知己者明。"也就是告诉我们认识自己是一种聪明,人要了解自己,深刻地认识自己。了解自己,就是一种明白、一种聪明、一种精明。这也是我们在魅力的海洋中,一直寻找的要点。

三、知人者智

商纣王是我国古代有名的亡国之君,但是箕子也是那个朝代有名的智慧大臣。下面我们就来看看箕子是如何知人的。

有一次箕子发现商纣王用上象牙筷子了,他心里边咯噔一下,马上想到商纣王一旦用上象牙筷子,必定不再用他的陶器做餐具了,因为他会觉得和象牙筷子配不上了啊!那么他必定还会要求用上犀牛角、玉石做的杯子了。因为只有这样,才般配。

再进一步说,商纣王一旦用上犀牛角、玉石做的杯子了,他就一定不会再去吃普通的蔬菜了,一定要吃牦牛、大象、豹胎那些精美食物了。

以此类推,商纣王要吃那些牦牛、大象、豹胎等精美食物了,就一定不会再穿上粗布短衣,在茅草屋子下吃饭了,那么就会穿着多层锦绣的衣服,建造宽广的房子、高大的楼台了。

如此说来,那么天下的东西都不够他一个人享用了。为此,箕子说:"吾畏其卒,怖其始。"果真如箕子所料,过了五年,商纣王已经变得实在不像样了,他建造了肉林,还有酒池,酒糟都堆成了山。还有用火烤人的铜烙刑具,后来商朝也就自焚灭亡了。

箕子从商纣王使用一双象牙筷子这个细节上,可以联想到一步步危险的发展以及最后的结果,知道纣王的未来,预感到将会带来天大的祸害。这真可谓是一种大智慧啊!

也许你会说箕子是国师,大智慧之人。像我们这样的普通人可能不会像箕子这样料事如神。

有一次,管仲和齐桓公商量攻打莒国的事情,这是军事机密。但让人没想到的是不多久就在国内传开了要攻打莒国的消息。管仲没有泄密,齐桓公也没有泄密,那消息怎么就不胫而走了呢?查来查去,也没有找到结果。还是管仲高明,最后他想到了,国内一定有一个智慧极高的人。齐桓公想到了,有一天在一些服役的人中,有一个拿了木棒槌的人向台上仔细地瞧着他俩,也许就是这个人。

后来终于找到那个人,他叫东郭垂,管仲问他,是不是他说的,东郭垂也承认了。于是,管仲就问他是如何知道这一军事机密的。

东郭垂说:君子有三种脸色常常会不自觉地流露出来,一是欣赏音乐时的那种自得其乐的脸色,二是家里有丧事时的那种悲哀凄清的脸色,三是要用兵打仗时的那种严肃愤怒的脸色。那天我远远地看到,你脸上带着严肃愤怒的表情,这是要用兵打仗的脸色。你叹气而不歌唱,谈论的是莒国,你举起手臂指向的是莒国。我私下考虑那些小诸侯国中,没有降伏的不就只有莒国吗?所以我说出了攻打莒国的话。

的确如此,东郭垂的猜测是正确的。只要我们细心观察,就可以更好地了解他人。

魔力悄悄话

"知人者智。"能认识别人、认识万物,是一种心智、智慧。真正地了解一个人,对其知根知底,是一种大智慧,一种大策略。而在平凡的社会里,能够做到的人一般都是成功的人。

四、大智若愚,藏巧于拙

明代大作家吕坤在《呻吟语》中说:"愚者人笑之,聪明者人疑之。聪明而愚,其大智也。夫《诗》云'靡哲不愚',则知不愚非哲也。"这句话的意思就是,表面看起来愚笨而实则聪明的人,才是真正的大智者。

据说,美国第九任总统威廉·亨利·哈里逊出生在一个小镇上,他小时候是个文静怕羞的孩子,人们都把他看作傻瓜,常喜欢捉弄他。他们经常把一枚5分的硬币和一枚1角的硬币同时扔在他的面前,让他任意捡一个,威廉总是捡那个5分的,于是大家都嘲笑他。有一天一位好心人问他:"难道你不知道1角钱比5分钱值钱吗?"

"当然知道。"威廉慢条斯理地说,"不过,我如果捡了那个1角的,恐怕他们就再没有兴趣扔钱给我了。"

事实也的确如此。郑桥板的"难得糊涂",说的也是这个道理。有时候表现得对一切都明白,精明过人,并不见得是好事。明白过了头,在外人看来就是愚笨的表现。所以,有时装装糊涂,凡事不那么较真,反而会有利于做事,也有利于场面的圆满。

一个人过分认真,未必对做事有利。许多时候装得迟钝一点、傻一点、糊涂一点,往往比过于敏感更有利。

第二次世界大战中,美国小罗奇福特领导的一个小组,在中途岛之战前成功地破译了日本人的密码,得到了日军海上作战部署的确切情报,并有针对性地进行了作战准备。

谁知,就在这个节骨眼上,一个嗅觉灵敏的美国新闻记者得到了这一绝密情报,竟然不知天高地厚作为独家新闻在芝加哥一家报纸上给捅了出来。

这样一来,随时都可能引起日本人的警觉而更换密码和调整作战部署。

虽然国家的军事机密被泄露,但是作为美国战时总统的罗斯福却对此置若罔闻,既没有责成追查,也没有兴师问罪,更没有因此而调整军事部署,而是装得一概不知的糊涂样子。

结果事情很快就烟消云散了,就像什么事也没发生一样,根本没有引起日本情报部门的重视。在中途岛战役中,美军靠"糊涂"获得了大胜利。

中国古代的道家和儒家都主张"大智若愚",而且要"守愚",也就是要装糊涂。

装糊涂的技巧是一种大智慧的表现,聪明固然是好事,但如果一切皆明白于心,恐怕也会心生烦乱,干扰工作。其实,巧妙地装糊涂更是一种真聪明,不但会给各种繁杂的事情涂上润滑油,使得其顺利运转,也能给生活增添笑声,使生活更加轻松愉快。

如果事事精明认真,不仅会导致呆板,甚至有可能使事情陷入僵局。

宋太宗就深谙此理。有一次他在花园中饮酒,臣子孔守正和王荣在旁边侍奉酒宴。

后来,两位臣子喝得酩酊大醉,互相争吵不休,失去了作为臣子应有的礼节。

内侍奏请太宗将二人抓起来送交吏部去治罪,但是太宗却派人送他们回家去了。

第二天,他俩酒醒了,想起昨晚酒后在皇上面前失礼的行为,感到十分害怕,一齐跪在金銮殿上向皇帝请罪。宋太宗微微一笑,说:"昨晚,朕也喝醉了,记不得有这些事。"

宋太宗托词说自己也醉了,不但没有丢失皇帝的体面,也对这两个臣子起到了警戒作用。宋太宗装糊涂,既表现了大度,又拉拢了人心,可谓一箭双雕。

大智若愚的人给人的印象是:虚怀若谷、宽厚敦和、不露锋芒,甚至有点儿木讷。其实在"若愚"的背后,隐含的是真正的大智慧、大聪明。

纵观世上那些有大智慧的人,往往不在众人面前,尤其不在同行、同事或同伴面前显露自己的精明,在外表上显得十分平庸。实际上,这是一种人生的大智慧。

他们在人前收敛自己的智慧,一副混混沌沌的样子,在小事上表现得不如一般人精明,殊不知这正是城府很深的表现。

韬光养晦,让人以为自己无能,让人忽视自己的存在,在必要时,就能够不动声色,在麻痹别人的同时,以自己的智慧,先发制人,胜人于无形。

人活于世,显得太聪明是不行的。所谓大勇若怯、大智若愚,假借糊涂之象,行聪明之举是一门做事的大哲学,也是一种人格魅力。

真正聪明的人是不会在人前显露出自己的精明的。

魔力悄悄话

"愚者人笑之,聪明者人疑之。聪明而愚,其大智也。"具有人格魅力的人是不会在人前显露出自己的精明的。所以,有时装装糊涂,凡事不那么较真,反而会有利于做事,也有利于场面的圆满。

五、宁静致远,淡泊人生

自古仕途多变动,所以古人以为身在官场纷纭中,要有时刻淡化利欲之心的心理。利欲之心人固有之,甚至"生亦我所欲,所欲有甚于生者",这当然是正常的,问题是要能进行自控,不要把一切看得太重,到了接近极限的时候,要能把握得准,跳得出这个圈子,不为利欲之争而舍弃了一切。

所谓"泰然处之、不急不躁",并不是听天由命,而是敢于正视矛盾,认识现实,对现实生存环境和理想之间的冲突和矛盾持乐观豁达态度。明智的人知道什么时候该让一匹马退役,他不会坐等它在比赛的中途颓然倒下,成为众人的笑柄。

古往今来,安世处顺者大有人在;曲径通幽,最终成大业者也不少。今日社会竞争日趋激烈,人生的绝大部分时间或主动或被动地投入竞争和角逐之中,生活一方面为人们提供了太多可选择的机会,同时也给人们精神上、心理上带来了巨大的压力。顺应自然、泰然处之,会在你失衡时,甚至绝望时为你调整心态,重建人生信念,塑造新的自我。

人生在世,除了生存的欲望以外,还有各种各样的欲望,自我实现就是其中之一。欲望在一定程度上是促进社会发展的动力,可是,欲望是无止境的,欲望太强烈,就会造成痛苦和不幸,这种例子举不胜举。因此,人应该尽力克制自己过高的欲望,培养清心寡欲、知足常乐的生活态度。这是现实生活中的一种美德和智慧。这种采取均衡状态的智慧,即是儒家的"中庸"。

《中庸》中有许多关于"中庸之道"的金玉良言。如:"人生太闲,则别念穷生;太忙,则真性不现。故士君子不可不抱身心之忧,亦不可不耽风月之趣。"同理,在追求快乐的时候,也不要忘记"乐极生悲"这句话,适可而止才能掌握真正的快乐。大凡美味佳肴吃多了就如同吃药一样——只要吃一半就够了;令人愉快的事追求太过就成为败身丧德的媒介——能够控制一半才是恰到好处。

注重中庸并保持淡泊人生、乐趣知足的心态,才能使自己体会出无尽的乐趣,达到人生的理想境界。

我们常常看见有些人为了谋到一官半职,请客送礼,煞费苦心地找关系、托门路,机关用尽,而结果还往往事与愿违;还有些人因未能得到重用,就牢骚满腹、自暴自弃,甚至做些对自己不负责任的事情。凡此种种,真是太不值得了!他们这样做都是因为太重名利,甚至把自己的身家性命都压在了上面。其实生命的乐趣很多,何必那么关注功名利禄这些身外之物呢?少点儿欲望,多点儿情趣,人生会更有意义。

魔力悄悄话

保持淡泊人生、乐趣知足的心态,才能使自己体会到无尽的乐趣,达到人生的理想境界。急于出头露面,急功近利,这是许多人在职场、官场上的表现。官场最忌急躁,有了这种表现必招来对手的攻击。戒骄戒躁是最好的心态。何况是你的跑不掉,不是你的争也白搭。

六、修炼从容、淡定的人格魅力

修炼从容、淡定的人格魅力就需要我们要拥有一颗平常心。拥有一颗平常心,看似简简单单,犹如每天的晨练、黄昏的漫步,但要把它融入生命的一点一滴中,与我们一同面对生命中的快乐、幸福、困顿、坎坷则非朝夕可成的易事。平常心则成为一种人生的境界,需要悟性。

有个大商人因为经营不善而欠下一大笔债务,由于无力偿还,在债主频频催讨下,精神几乎崩溃了,他甚至想到了自杀。

于是,他决定在临死前到农村去生活一下,享受最后的恬静生活。

当时,正值七月桃熟时节,果园里结满了红红的大桃,很是诱人。于是,他走进了一个老农的果园。老农看见了,便说:"城里人尝尝我的大桃吧!甜着呢。"

不过,心情低落的他,一点儿享用的心情也没有,但是又无法拒绝老人家的好意,便礼貌地吃了一个,并随口赞美了几句。

老农哪里知道他的心思,听见有人赞美自己的桃,便开始滔滔不绝地诉说着自己种植瓜果所付出的心血与辛苦:

冬季修剪果树,春季施肥、浇水、打药,夏季守护……原来,他大半生都与果树相伴,流了不少汗水,也流过许多泪水。

有一次,遭遇百年不遇的病虫害,眼看着长势颇好的大桃被害虫吃得无法再卖;还有一次,夏季夜里的一场冰雹,使几乎所有的桃都落地了,他的丰收又变成了泡影……

老农说:"人和老天爷打交道,少不了要吃些苦头或受些气,但是,只要你咬紧牙,挺一挺也就过去了。因为,最后果树收获时,仍然全部都是我们的。"

这番话让商人醒悟了过来,他听完老农说的话,连说"谢谢!"随后便迈着坚毅的步子离开了农庄,开始自己新的旅程。五年后,他在城市里重新崛起,并且成为一个现代化企业的老板。

当我们处在人生的最低谷时,我们一定要保持一颗平常心,只有这样,才能走出困境。那么,生活中我们应该怎样做才能拥有一颗平常心呢?

经历过一些事情后,回头想想,其实,在人生中遇到的事情,没有必要以太强的谁对谁错、谁好谁坏的心理去对待;对于人生的得与失,也没有必要去斤斤计较;凡事以一颗平常心,正确地对待与自己相关的人或事。通过不同的经历,有意识地培养自己的心理承受能力,以平和、乐观的态度对待身边的人或事,让自己始终有个好心情。具体有如下四个方面:

1. 怨恨事来,安之以退。当人们受到不公正的待遇时,经常心生怨恨。怨恨犹如一把双刃剑,伤人又伤己,因此,当自己遇到委屈或不平之事时,不必计较也不必难过。

2. 荣宠事来,置之以让。人有荣誉之心,这是值得嘉赏的。但是为了争宠显荣,彼此钩心斗角,就不对了。因此,在荣宠之前,以平常心视之。

3. 失意事来,治之以罪。《史记·汲郑列传》说:"一死一生,乃知交情;一贫一富,乃知交态;一贵一贱,交情乃见。"一个人失意的时候,最能感受"人情冷暖,世态炎凉"。因此,有的人则怨天尤人,愤世嫉俗;有的人自怨自艾,消极颓废,这都是一种负面的情绪作用。最正确的处理方法就是要忍。

4. 快心事来,处之以淡。"人逢喜事精神爽",遇快心事时,大多数人都会欢天喜地、欣喜若狂,恨不得天下人都能分享他的快乐。这固然是人之常情,但是我们不应该喜形于色,而是不动声色。我们不仅要以一颗平常心去面对挫折、面对困难、面对失意,也要以平常心面对成功、面对顺境、面对得意。不管自己的人生处于怎样的状态,都要始终以一颗平常心走好自己的人生路。

魔力悄悄话

所谓从容、淡定的人格魅力就是指平时在脸上总看到微笑的表情,给人的感觉永远是温和的样子,遇事总以平常心对待。面对纷杂的事物和红尘的诱惑,从容、淡定的人格魅力才是我们真正的大智者。

第四章
诚信，魅力的根本

有的年轻人认为现在的社会环境很浮躁，是一个诚信稀缺的时代，那么在这种大环境下，一个人若讲究诚信未免太容易"受伤"。其实这种看法是错误的。

一个不讲诚信的人，"讲话无人信，喝酒无人敬"，在这个人与人互动互助更加密切的今天，要想获得事业、爱情、友谊的成功是很困难的。

一、诚信是做人之本

诚信乃做人之本，这是多少成功人士恪守的人生准则。人生向上的基础是诚、敬、信、行。诚是构成我们中国人文精神的特质，也是中国伦理哲学的标志。

诚是率真心、真情感，诚是择善固执，诚是用理智抉择真理，以达到不疑之地。不疑才能断惑，所谓"不诚无物"就是这个道理。而"信"则是指智信，不是迷信、轻信，这种信依赖智慧的抉择到达不疑，并且坚定地践行。

有人认为，成功与否主要取决于能否做一个问心无愧的好人；能否保持诚、敬、信。诚实是坦诚相见，问心无愧。

美国华盛顿州塔科马市10岁的小学生汉森，有一天与小朋友在家门口前的空地上玩棒球，一不小心将球掷到邻居基尔的汽车上，把汽车的车门玻璃打坏了。

小朋友们见闯了祸，个个逃回家去。唯有汉森呆呆地站了一会儿，他决定登门承认错误。刚搬来居住的基尔先生原谅了汉森，但仍将此事告知了汉森的父母。

当晚，汉森向父亲表示，他愿意用替人送报纸储蓄起来的钱，赔偿基尔先生的损失。

第二天，汉森在父亲的陪同下，再度登门拜访基尔先生，说明来意。岂料基尔笑道："好吧，你如此诚实，又愿意承担责任，我不但不要你赔偿，还要将这辆汽车送给你作为奖励，反正这辆汽车也是打算闲置的。"

由于汉森的年纪还小，不能开车，汽车暂由其父代为保管。不过汉森已找人修理好车窗，经常给车子洗尘打蜡，就像对待宝贝一样。他倚着那辆1978年出厂的福特"野马"名车说："我恨不得快快长大，好驾驶这辆车。我至今仍然不敢相信它是我的。"

他还说："经过这次事件，我更懂得诚实是可贵的。我以后都会诚实待人。"

孔子讲"民无信不立",孟子说"言而有信,人无信而不交"。信用是一种承诺,一种保证,一种真诚;信用就是一诺千金,做人最根本的一条便是讲诚信。

诚信,就是要说真话,道实情,守信用,讲信任,说话算话。在我们中华民族博大精深的文化底蕴中,"诚信"二字的分量可谓沉甸甸的。

因为讲诚信,刘备实现了自己的目标。"我得军师,如鱼之得水也"。他充分信任、重用诸葛亮,最终成就了一番事业。同样因为讲诚信,诸葛亮知恩图报,辅助后主,力保蜀汉政权,鞠躬尽瘁,死而后已。还是因为讲诚信,关羽铭记"桃园结义"的誓言,"身在曹营心在汉","千里走单骑",历尽千辛万苦也要回到刘备身边。人们崇拜诸葛亮,敬仰关羽,就是崇拜、敬仰他们这种诚信的可贵品质。

不管在哪个时代,人都不能离群索居。人和人之间要有顺畅的交流、沟通,彼此寻求寄托与抚慰,这是对个体存在的认证,更是对生存状态的肯定。而彼此认同的产生其实就是一个彼此信任、互相接纳、多元包容的过程。作为社会的最小个体存在,我们不能要求别人重守承诺,但我们自己却能做到真诚守信,信任他人。

中华民族乃礼仪之邦,向来都是重信守诺,是讲"信用"的民族。在传统社会里,我们的伦理道德观念中"信用"的核心是强调对事业的忠诚,对朋友的信义、对爱人的忠贞以及做事诚实等等。在市场经济条件下,信用指的是一个人资信记录,是指一个人的负责任的能力,不只是简单的道德人品问题。

信用是一个人内在气质的综合反映,是衡量一个人综合素质的重要指标,是一个人发展的必备品德。

诚信是一种情感的表达。无论是夫妻、朋友还是同事甚至是陌生人,良好的沟通与交流讲求的都是真情流露,这是建立在真诚表达、无欲无求的基础之上的。

现在,社会越来越开放,人际交往越来越频繁,要获得别人的情感认同,不断取得信任,就应该"己所不欲,勿施于人","己欲立而立人",从小事做起,友善待人。要知道,不管时代怎么变,为人处世的基本准则都不会变,也不能变。

20世纪著名的心理学家马斯洛在研究大量著名人物经历的基础上,总结出有成就者的健康个性特征,其中第一点就是能与现实建立比较愉快的

关系,厌恶虚假的东西和人际关系中不真实的行为;自发、淳朴、天真,率性
而发,自然流露。

马斯洛还总结出一个人要走向成功或走向健康个性有八条途径,其中
两条是与诚实相关,如当有怀疑时,要诚实地说出来而不要隐瞒,在许多问
题上反躬自问都意味着承担责任。因此,真诚是成功者的必备素质,诚实是
一个人成功的潜在力量,它将使你与众多的人建立密切和谐的关系,为生活
大厦建立坚实的基础。

信任和真诚是事物的两面。所谓"信,诚也",指的就是心口合一。一个
人必须先做一个真诚和守信用的人,然后才能获得他人的真诚和信任。中
国历来有"一诺千金""言必信,行必果"的说法,指的就是做人要重诺言、守
信用。

诺言之所以能成为力量,前提是因为守信用。社会秩序是建立在人与
人之间能遵守约定的基础上,种种约定或约束,都是为了生活更有秩序、更
加圆满。能否实践诺言,是衡量人类精神是否高尚的准则,一切的道义、道
德都表现在守约上。如果守约的精神日渐衰微,那么,社会各个层面的每个
人都将蒙受其害。

一个守信用的人,他的自我是纯真的、稳定的、健康的,体现出一种理想
的道德力量和意志力量,为他人所信赖。率真是真诚的另外一种重要的品
质,它指的是一个人能如实地展现自己,不自欺欺人,这是建立在真实基础
上的自尊自重。莎士比亚在《哈姆雷特》中说:"对自己要诚实,才不会对任
何人欺诈。"因而,真诚和守信用是一个人自尊自重的表现。

一位记者说:"一个人真诚、信任与否,涉及他是否有自尊自重的素质。
我想,诚信的人必然能够得到他人诚信的回报。在与他人的交往中,我们先
要以诚待人、相信他人,这应当是交友处世的第一原则。至于他人会对我们
怎样,那是另外一回事。在实际的交往中,自然能够积累经验,用不着过于
担心被蒙骗。"

另一位记者说:"的确如此,这就好像使用'信用卡'一样,你必须先存入
资本,才有资格和条件使用它,受惠于它。如果一个人只想使用和受惠,不
想存入资本,那是不可想象的。"

一位教授说:"对人必须讲真诚和信任,我赞同这种做人的第一原则,但
在实际的操作中,还是要讲灵活性的,'道不同则不相与谋',真诚和信任的
付出还是凭经验和智慧来得实在,以免真诚信任遭受虚伪欺诈的亵渎。在

与陌生人的交往中,套用一句谚语就是:'既要相信真主,又要绑好自己的骆驼。'"

在这个时代,人格信誉是自身最宝贵的无形资产,是每个人的立身之本。香港著名商人李嘉诚总结自己的成功经验时说:"人的一生最重要的是守信,我现在就算有多十倍的资金,也不足以应付那么多的生意,而且很多是别人找我的,这些都是为人守信的结果。"一个诚信的人他的一生将因此受益无穷。

魔力悄悄话

诚信是做人原则中最根本的一条。一个人如果时时、处处、事事讲信用,那么他的事业将一定会走向成功,人生将会亮丽多姿。诚信就像是一辆直通车,选择的是沟通心灵距离的最佳路径,唤起的是一种大家发自肺腑的参与感、认同感和荣誉感。

二、靠诚信塑造个人魅力

三国时，蜀汉建兴九年，诸葛亮用木牛流马运输军粮，再出兵祁山（今甘肃礼县东北祁山堡）第四次攻魏。魏明帝曹叡亲自到长安指挥战斗，命令司马懿统帅费曜、戴陵、郭淮诸将领，征费曜、戴陵二将屯扎，自己率大军直奔祁山。面对着兵多将广、来势凶猛的魏军，诸葛亮不敢轻敌，于是命令部队占据山险要塞，严阵以待。魏蜀两军，旌旗在望，鼓角相闻，战斗随时可能发生。在这紧要时刻，蜀军中有8万人服役期满，已由新兵接替，正整装待返故乡。魏军中有30余万，兵力众多，连营数里。蜀军会在这8万老兵离开后更显单薄。众将领都为此感到忧虑。这些整装待归的战士也在忧虑，生怕盼望已久的回乡愿望不能立即实现，估计要到这场战争结束方能回去了。

于是不少蜀军将领进言希望留下这8万兵，延期一个月，等打完这一仗再走。诸葛亮断然拒绝道："统帅三军必须以绝对守信为本，我岂能以一时之需，而失信于军民。"诸葛亮停了一停，又道："何况远出的兵士早已归心似箭，家中的父母妻儿终日倚门而望，盼望着他们早日归家团聚。"遂下令各部，催促兵士登程。此令一下使所有准备还乡之人在意外的同时更是欣喜异常，感激得涕泪交流，纷纷说丞相待我们恩重如山，要求留下参加战斗。那些在队的士兵也受到极大的鼓舞，士气高昂，摩拳擦掌，准备痛歼魏军。

诸葛亮在紧要关头不改原令，使还乡的命令变成了战斗的动员令。他运筹帷幄，巧设奇计，在木门设下伏兵。魏军先锋张郃是一员勇将，被诱入木门埋伏圈中，弓弩齐发，死于乱箭之下。蜀军人人奋勇，个个争先，魏军大败，司马懿被迫引军撤退。犒劳三军之时，诸葛亮尤其褒奖了那些放弃回乡，主动参战的士兵。蜀营中一片欢腾。

诸葛亮取信于士兵，宁使自己一时为难，也要对士兵、百姓讲诚信。一次欺诈行为可能会解决暂时的危机，但是这背后所隐伏的灾患比危机本身更危险，对此，诸葛亮是深深了解的。

孟子指出：偏激的言辞，我知道它的片面性；淫说乱语，我知道它的所指;奸邪的话,我知道它的恶意所在;吞吞吐吐之言,我知道它回避的是什么。这是公孙丑问什么叫知言时,孟子的回答。这就是说,片面、失误、歪邪、理屈这四种过失都与人性的偏激、淫荡、奸邪、躲躲闪闪四种本性有关。

魔力悄悄话

诚信在这世间是最重要的。欺诈之心,时间长了,人们认清了它的本来面目,就会鄙视它、蔑视它、疏远它。因为人的言语,是出自人的思想,从他言语的错误便可知他思想的错误。并且内心的真诚至虚伪,尚不可蒙蔽于人,更何况昧得无理之心去欺骗上天呢?

三、恪守信义，一诺千金

所谓恪守信义，是指对许诺一定要承担兑现。答应了别人什么事情，对方自然会指望着你，一旦别人发现你开的是"空头支票"，说话不算数，就会产生强烈的反感。"空头支票"会给人添麻烦，也会使自己名誉受损。对别人委托的事情要尽心尽力地去做，但不要许诺自己根本力所不及的事情。

东汉时，汝南郡的张劭和山阳郡的范式同在京城洛阳读书。学业结束他们分别的时候，张劭站在路口，望着长空的大雁说："今日一别，不知何年才能见面……"说着，流下泪来。范式拉着张劭的手，劝解道："兄弟，不要伤悲。两年后的秋天，我一定去你家拜望老人，同你聚会。"

落叶萧萧，簪菊怒放，这正是两年后的秋天。张劭突然听见长空一声雁叫，牵动了情思，不由自言自语地说："他快来了。"说完赶紧回到屋里，对母亲说："妈妈，刚才我听见长空雁叫，范式快来了，我们准备准备吧！""傻孩子，山阳郡离这里 1000 多里，范式怎么来呢？"他妈妈不相信，摇头叹息："1000 多里路啊！"张劭说："范式为人正直、诚恳、极守信用，不会不来。"老妈妈只好说："好好，他会来，我去打点酒。"其实，老人并不是不相信，只是怕儿子伤心，宽慰宽慰儿子而已。

约定的日期到了，范式果然风尘仆仆地赶来了。旧友重逢，亲热异常。老妈妈激动地站在一旁直抹眼泪，感叹地说："天下真有这么讲信用的朋友！"范式重信守诺的故事一直被后人传为佳话。

讲信用，守信义，是立身处世之道，是一种高尚的品质和情操，它既体现了对他人的尊敬，也表现了对自己的尊重。但是，我们反对那种"言过其实"的许诺，我们更反对"言而无信""背信弃义"的丑行！

讲信用是忠诚的外在表现。人离不开交往，交往离不开信用。"小信成则大信立"，治国也好，理家也好，做生意也好，都需要讲信用。一个讲信用的人，能够言行一致，表里如一，人们可以根据他的言论去判断他的行为，进行正常的交往。如果一个人不讲信用，说话前后矛盾，做事言行不一，人们无法判断他的行为动向,对于这种人是无法进行正常交往的,更没有什么魅力而言。守信是取信于人的第一要素,信任是守信的基础,也是取信于人的方法。具有魅力的人,应该是守信的人,诚实的人,靠得住的人。

魔力悄悄话

"一定要信守诺言,不要去做力所不及的事情。"告诫人们,因承担一些力所不及的工作或为哗众取宠而轻诺别人,结果却使自己不能如约履行,那是很容易失去信用的。

四、不要轻易许诺

我们从小都听过长辈讲过"抱柱守信"的故事。古时候,有位年轻人和人相约在桥下。他等了许久也没见到约会的人。一会儿河水上涨,漫过桥来,他为了守信,死死地抱住桥柱,一个心眼地等待着友人的到来。河水越涨越高,竟把他淹死了。这位年轻人抱柱而死的行为尽管有点迂腐,然而,那种"言必信,行必果"的品格,却是永远值得人们敬佩的。

我们在学习和生活中要取得诚信,不要轻率许诺,许诺时不要斩钉截铁地拍胸脯,应留一定的余地。当然,这种留有余地是为了不使对方从希望的高峰坠入失望的深谷,而并不是给自己不努力埋下契机。

在与人交往时,我们常会听见或说过那些并非出自本意的客套话,而人们对于这些社交辞令也往往不加重视。

如果有一天,当你与客户谈话谈到海南的椰子很有名时,你说出此话的原因,当然不是在暗示他,你想要吃椰子,而只是将名产列入话题罢了!因此,在听到这位客户说"正好下周我去海南,到时候我带来两只送给你"后,你自然摆出一副煞有介事的模样,回应"好啊!"实际上,你从未将此话当真。

但令你吃惊的是,一星期后你收到了这位客户送来的椰子!你会惊讶,是因为料想不到在世界上竟然还有如此老实憨厚的人。也许就是这一次,会让你对这位客户的印象非常良好。

所以,在交往中确实地履行自己所做的"改天我……"的承诺,必能打动对方的心。

然而,或许有人会认为自己与对方的态度不同,何必如此认真地履行承诺。不过,就因为对方的不当真,而你却以认真的态度面对所做的"约定",这样产生的效果才会更大。换言之,对方对你这种履行诺言的诚信行为,引发出的喜悦及赞赏会随着吃惊程度而成正比增加。

认真地履行自己所做的"改天我……"的承诺,不管是进行感情投资,还是让他人愉悦,都不失为一个妙策。

现代年轻人在面对自己曾许下的诺言时,常以马虎轻率的心态处理。

比如说,有人以为逢人便说"改天我们去吃个饭吧"或"改天我们去喝杯咖啡"是八面玲珑的做法。实际上,所得到的效果却适得其反。

在表面,对方也会因场面的关系而应声附和,但在私底下却对你经常开支票,而且是不能兑现的空头支票,会产生极大反感,对你的信赖更是逐渐降低。

曾子杀猪取信说的就是这样一个故事。一天,曾参的妻子上街,儿子哭着要跟着去,妻子哄他说:"你在家里等着,妈妈回来杀猪给你吃!"儿子信以为真,不哭闹了。妻子从街市回家,只见曾参正拿着绳子在捆猪,旁边放着一把雪亮的尖刀。妻子赶上去说:"我刚才是哄孩子,你怎么当真呢?"曾参严肃而认真地说:"那可不行,当父母的不能欺骗孩子。如果父母说话不算数,孩子小不懂事,就会跟着学,这样就起了教孩子说假话骗人的作用,那就太不好了。"妻子为难地说:"那可怎么是好?"曾参果断地说:"就照你说的办吧! 这叫'言必信,行必果'。"

有的人面对别人的请求时,虽然心里很想拒绝,但是觉得拒绝了对方,便是伤害了对方的自尊心,或是担心被指责为不讲义气,所以就违心地答应下来,随后懊恼不已,因为不能够去实现,往往失信;有的人好轻易许诺,以显热情,但又没有足够的能力兑现诺言,往往失信;有的人事到临头或兴奋时刻,慨然应允给别人某件物品,以示慷慨,可冷静之后,又十分舍不得,后悔莫及,吝啬占了上风,常常失信;有的人对于自己根本办不到的事,也拍胸脯,打包票,事后总不能兑现,时时失信。他们往往不知道做人要以严格守信为先,不知道既然许诺他人,就要不惜一切地给予,绝不能吝啬,就要竭尽全力去实现而毫不动摇的道理,这样做的后果往往使他人怀疑和不信任你。

所以,是否对他人许诺要根据自己的实际情况来决定,当自己无能为力或心里不愿给予或是难以给予的时候,我们应保持缄默,或者诚实地说一声"不""对不起"。在回绝的时候应做到友好、轻松、诚恳,因为这样的拒绝并非恶意,别人会理解你的苦衷并给予体谅的。

明代《郁离子》一书中有如下一则商人因失信而丧生的故事:济阳某商人过河船沉,他拼命呼救,渔人划船相救。商人许诺:"你如救我,我付你 100 两金子。"渔人把商人救到岸上。商人只给了渔人 80 两金子，渔人斥责商人言而无信，商人反责渔人贪婪。渔人无言走了。后来，这商人又乘船遇险，再次遇上渔人。渔人对旁人说："他就是那个言而无信的人。"众渔人停船不救，商人淹死河中。这就是言而无信的后果。

魔力悄悄话

许诺是非常严肃的事情，对不应办的事情或办不到的事，千万不能轻率应允。一旦许诺，就要千方百计去兑现。否则，就会像老子所说的那样："轻诺必寡信，多易必多难。"一个人如果经常失信，一方面会破坏他本人的形象，另一方面还将影响他本人的事业。

五、诚信的人并不会吃亏

在许多人心里,认为"老实的人吃亏","老实就是无用的代名词",这种偏见其实是非常有害的,过去企业管理的经验中有"三老四严"之说,"三老"就是"做老实人,说老实话,办老实事",无数事实证明,诚实的人并不吃亏。

有一则寓言讲的是从前有一位贤明而受人爱戴的国王,把国家治理得井井有条。

国王年纪逐渐大了,但膝下并无子女。最后他决定,在全国范围内挑选一个孩子收为义子,培养成未来的国王。

国王选的标准很独特,给孩子们每人发一些花种子,宣布谁如果用这些种子培育出最美丽的花朵,那么谁就成为他的义子。

孩子们领了种子后,开始精心地培育,从早到晚,浇水、施肥、松土,谁都希望自己能够成为幸运者。

有个叫雄日的男孩,也整天精心地培育花种。但是,10 天过去了,半个月过去了,花盆里的种子连芽都没冒出来,更别说开花了。

国王决定观花的日子到了。

无数个穿着漂亮的孩子拥上街头,他们各自捧着开满鲜花的花盆,用期盼的目光看着缓缓巡视的国王。

国王环视着争妍斗奇的花朵与漂亮的孩子们,并没有像大家想象中的那样高兴。

忽然,国王看见了端着空花盆的雄日。他无精打采地站在那里,国王把他叫到跟前,问他:"你为什么端着空花盆呢?"

雄日抽咽着,他把自己如何精心侍弄,但花种怎么也不发芽的经过说了一道。

没想到国王的脸上却露出了最开心的笑容,他把雄日抱了起来,高声说:"孩子,我找的就是你!"

"为什么是这样?"大家不解地问国王。

国王说:"我发下的花种全部是炒过的,根本就不可能发芽开花。"

捧着鲜花的孩子们都低下了头,他们全部另播下了种子。

世界上假的东西很多,它们在一时间也确实蒙蔽了不少人,但假的终究是假的,经不起真实的考验。我们要达到成大事的目的,靠欺骗手段可能会一时奏效,但远不如诚实更有用。

一位作家讲过这样一个故事:

由于遗弃或收缴来的自行车无人认领,警察决定将它们拍卖。

第二辆自行车开始竞拍了,站在最前面的,一位大约 10 岁的小男孩说:"5 块钱。"

叫价持续了下去,拍卖员回头看了一下前面的那位男孩,他没还价。跟着几辆也出售了,那位小男孩每次总是出价 5 元,从不多加。

不过 5 块钱实在太少了,因为每辆自行车最后的成交价几乎都是三四十元。

渐渐地,人们也都感到奇怪。暂停休息时,拍卖员问男孩为什么不再加价,小男孩告诉他,他只有 5 块钱。

拍卖快结束了,现场只剩下最后一辆非常漂亮的自行车,拍卖员问:"有谁出价吗?"这时,站在最前面、几乎已失去希望的小男孩轻声地又说了一遍:"5 块钱。"

拍卖员停止了唱价,观众也静坐着,没人举手,也没有第二个价。最后,小男孩拿出握在手中、已被汗水浸得皱巴巴的 5 元钱,买走了那辆全场最漂亮的自行车。

现场的观众纷纷鼓掌。任何人在现场都会被感染而为那个小孩鼓掌的,因为像他那样坦坦荡荡地去竞争的人实在太少。

阿瑟因·佩拉托雷是经营美国曼哈顿运输公司的老板。至今,他仍然记得在他 10 岁时发生的一件事。

那年正是经济大萧条时期,他在一辆大运货卡车上工作,每天要向 100 家商店递送特别食品,12 小时的工作只能挣到一个三明治、一杯饮料和 50 美分。

一天他在桌子底下拾到了 15 美分并把它交给了老板。老板拍着他的双肩承认,钱是他故意放在那儿的,看看他是否值得信任。后来,佩拉托雷一直为他工作到上完高中,是他的诚实使他在美国经济最困难的时期保住了自己的工作。

在后来的年代里，他又干过许多工作：侍者、房屋清洁工等；再后来，当他用自己的卡车做生意，挣扎着度过四个连续亏损的惨淡之年时，他就会回想起他 10 岁时学到的关于信任的一课。

魔力悄悄话

为人不可不诚信，否则靠骗术处世只会让自己遭到惨败，因为诚实是做人的基本品性，而欺骗者最后一个欺骗的对象是自己。诚信的人并不吃亏；自以为聪明，自以为得意，爱骗人的伪君子，最终不会成就大事的。

第五章
博爱,魅力的表率

　　博爱是一种特殊的爱,乃为仁者之爱,其对象是全人类。博爱就要人与人之间平等,互相帮助。博爱以爱为基础,包括爱集体、爱祖国、爱人民、爱生命、爱人类的生存环境、爱大自然、爱人类的劳动创造、爱文明进步、爱一切真善美的事物。

一、博爱是一种崇高的爱

"博爱"是孙中山政治学说中的一个核心思想,他认为"博爱"是"人类宝筏,政治极则"。

孙中山认为,"博爱"一是"人类宝筏,政治极则",是"吾人无穷之希望,最伟大之思想"。孙中山一生以天下为己任,以爱人类爱和平、爱国家和爱民族作为其奋斗的理想和目标。他的"博爱"思想反映了中国人民的共同愿望和世界多数民众的共同追求。他说:"欲泯除国界而进入大同,其道非易,必须人人尚道德,明公理……重人道,若能扩充其自由、平等、博爱之主义于世界人类,则大同盛轨,岂难致乎?"他以人道博爱的普遍形式来解释社会的发展和进步,设想用推广"博爱主义",来实现"世界大同",使全世界不同人类相互爱慕,共同发展。可以说,这是孙中山毕生的政治追求。

那么按照中国的传统思想如何来解释"博爱"呢?

《孝经·三才章》说:"先王见教之可以化民也。是故先之以博爱,而民莫遗其亲。"曹植《当欲游南山行》则谓:"长者能博爱,天下寄其身。"欧阳修在仡出表之二中则云:"大仁博爱而无私。"韩愈的《原道》将博爱概括为"博爱之谓仁"。因此,可以说博爱是一种仁爱。

那么什么又是仁爱呢?

孙中山说:"据余所见,仁之定义,诚如唐韩愈所云'博爱之谓仁',敢云适当。博爱云者,为公爱而非私爱,即如'天下有饥者,由己饥之;天下有溺者,由己溺之'之意,与大爱父母、妻子者有别。以其所爱之大,非妇人之仁可比,故谓之博爱。能博爱,即可谓之仁。"又说:"仁之种类:一、救世之仁;二、救人之仁;三、救国之仁。""救世、救人、救国三者,其性质皆为博爱。"在晚年做三民主义讲演时,孙中山又强调把三民主义口号和法国革命的自由、平等、博爱口号加以比较,指出"法国的自由和我们的民族主义相同,因为民族主义是提倡国家的自由平等,和我们的民权主义相同,因为民权主义是提倡人民在政治地位上都是平等的,要打破君权,使人人都是平等的,所以说民权是和平等相对待的。另外还有博爱的口号，这个名词的原文是'兄弟'的意思，和中国'同胞'两个字是一样解法，普通译成博爱，其中的道理，和我们的民生主义是相通的。因为我们的民生主义是图四万万人幸福的，为四万万人谋幸福就是博爱"。

魔力悄悄话

　　博爱是一种特殊的爱，乃为仁者之爱，其对象是全人类。博爱就要人与人之间平等，互相帮助。博爱以爱为基础，包括爱集体、爱祖国、爱人民、爱生命、爱人类的生存环境、爱大自然、爱人类的劳动创造、爱文明进步、爱一切真善美的事物。因此说博爱是一种最崇高的爱。

二、大音希声，大爱无痕

《庄子·秋水篇》有言：大音希声，大爱无痕。的确，大爱是不需要留下任何痕迹的。大爱就像是阳春三月暖暖的风、细细的雨，润物无声的那种爱。大爱是无私的，是尊重宽容他人的，付出的爱不会带来任何束缚和压制，不求给予回报，不会让对方感觉到。时间首先定格在 2008 年 1 月。这是一个归家的季节，家里的亲人盼望着出门在外的游子，身在异乡的游子也迫不及待地想回家。一切正常，却又不正常。南方竟然连续数日下起了大雪，跟一向以温暖著称的南国开了一个天大的玩笑。

然而，更为严峻的考验随之而来。陡降的温度在一条条电缆上凝冻成了致命的冰霜，阻断了电流的输送，黑暗如不速之客闯入了人们的生活，韶关告急！贵州告急！……一个个揪心的消息传来，南方电网职工迅速集结，奔赴各地，抢修复电战役正式打响。

一条条高压输电线路上结满了碗口粗的坚冰，电线塔被压得摇摇欲坠，折断在银白色的大地里；一根根冰凌从电缆上倒挂下来，张牙舞爪地向人们示威。高压输电线路的电线杆、电线塔一般都安装在山间，周围堆满了不堪冰雪重压而坍塌折断的树木，抢险队员不得不手脚并用爬冰卧雪，每个人身上都湿透了，衣服上结了一层冰，走起路来"喀嚓"作响。冰厚路滑，摔倒了，爬起来，继续走。他们就这样，背着拖着沉重的抢修器材，摔着爬着找到受损的输电线塔，登上塔杆，顶着寒风暴雪抢修。他们用手把冰凌一点一点地敲下来，结了，砸掉；再结，再砸……凛冽的寒风肆虐，冻红了脸，冻裂了手，冻麻了脚，却丝毫不能削弱高空作业的抢险队员们的斗志。一条条电缆化作五线谱，上面跳跃的一个个音符，奏出了感天动地的英雄颂歌！

再把时间定格在 2008 年 5 月 12 日 14 时 28 分的四川汶川地震。

命悬一刻之际，谭千秋，德阳市东汽中学的老师，他张开双臂，仿若一只展翅护雏的雄鹰，把生的希望留给了他的 4 名学生，留在了他那片布满沉痛已然疮痍满目的土地上。可是，谭老师，却永远地离开了人世。这是中国不屈的脊梁！这是永恒闪亮的人性光辉！一个生命走了,4 个生命却获救了。一个家庭的千秋遗憾和悲痛,换来 4 个家庭延续福祉千秋。

　　谭老师,你的事迹惊天动地,你的名字将永远驻扎在华夏儿女的心中。

魔力悄悄话

　　每个人心中都有爱,或爱己,谓之"小爱";或爱人,谓之"中爱";或爱天下,谓之"大爱"。其中,最崇高的莫过于爱天下之"大爱"。大音希声,大爱无痕。光明的使者,有你在,灯就会亮,百姓们的心灯也不会灭!

三、帮助他人就是帮助自己

　　要想成为一个社交广泛的人，就要乐于帮助别人。人抬人，人帮人，做起事来才会顺利，事业才会发达。聪明人看到需要帮助的人会本能地伸出援手。当他们自己遭遇困难时，也会有一个人奇迹般地出现，并且会予以"相同的报答"。

　　帮助了别人，同时也就是帮助了自己。

　　一个漆黑的夜晚，一个远行的苦行僧走到了一个荒僻的村落中，漆黑的街道上，络绎的村民们在默默地你来我往。

　　苦行僧转过一条巷道，他看见有一团晕黄的灯从巷道的深处亮过来。身旁的一位村民说："孙瞎子过来了。"瞎子？苦行僧愣了，他问身旁的村民："那挑着灯笼的真是一位盲人吗？"

　　"他真的是一位盲人。"村民肯定地告诉他。

　　苦行僧百思不得其解。一个双目失明的盲人，他没有白天和黑夜的概念，他挑起一盏灯笼岂不令人迷惘和可笑？

　　灯笼渐渐近了，百思不得其解的僧人问："敢问施主真的是一位盲者吗？"挑灯笼的盲人告诉他："是的，从踏进这个世界，我就一直双眼混沌。"

　　僧人问："既然你什么也看不见，那你为何挑一盏灯笼呢？"

　　盲者说："我听说在黑夜里没有灯光的映照，那么满世界的人都和我一样是盲人，所以我就点燃了一盏灯笼。"

　　僧人若有所悟地说："原来您是为别人照明。"

　　但那盲人却说："不，我是为自己！"

　　"为你自己？"僧人又愣了。

　　盲者缓缓地对僧人说："你是否因为夜色漆黑而被其他行人碰撞过？"

　　僧人说："是的，就在刚才还被两个人不留心碰撞过。"

　　盲人说："但我就没有。虽说我是盲人，我什么也看不见，但我挑了这盏灯笼，既为别人照亮了路，也让别人看到了我自己，这样，会因为看不见而碰撞我了。"

为别人点亮的灯，照亮了别人，也帮助了自己，这就是乐于助人的心得。他们总是乐于为别人点亮生命的灯，所以，他们的人生道路上也能平安和灿烂。

在美国南部的一个州，每年都要举办南瓜品种大赛。有一个农夫的成绩相当优异，经常是首奖的获得者。每当他得奖之后，总是毫不吝惜地将参赛得奖的种子分给街坊邻居。有一位邻居很诧异地问："你能获奖实属不易，我们都看见你投入了大量的时间和精力来进行品种改良。可为什么还这么慷慨地将种子分送给大家呢？你不怕我们的南瓜品种超过你的吗？"

这位农夫回答："我将种子分送给大家，是帮助大家，但同时也是帮助我自己！"

原来这位农夫居住的地方，家家户户的田地都是毗邻相连的。这位农夫将得奖的种子分送给邻居们，邻居们就能改良自己的南瓜品种，同时也就可以避免蜜蜂在传递花粉的过程中，将邻近的较差品种的花粉传给自己。相反，如果这位农夫将得奖的种子自己独享，而邻居们的品种无法跟上，蜜蜂就容易将那些较差品种的花粉传给这位农夫的优良品种。这位农夫势必在防范方面大费周折而疲于奔命，很难迅速培育出更加优良的南瓜品种。

送人一束玫瑰，留下一缕芬芳。分享和给予，常常是一种收获。

一个极其寒冷的冬日的夜晚，一间简陋的旅店迎来了一对上了年纪的客人。然而不幸的是，这间小旅店早就客满了。"这已是我们寻找的第十六家旅社了，这鬼天气，到处客满，我们怎么办呢？"这对老夫妻望着店外阴冷的夜晚发愁地说。

店里的小伙计不忍心这对老人出去受冻，便建议说："如果你们不嫌弃的话，今晚就睡在我的床铺上吧，我自己在店堂里打个地铺。"老夫妻非常感激，第二天要付客房费，小伙计拒绝了。临走时，老夫妻开玩笑地说："你经营旅店的才能真够得上当一家五星级酒店的总经理。"

"那敢情好！起码收入多些可以养活我的老母亲。"小伙计随口应道，哈哈一笑。

没想到两年后的一天，小伙计收到一封寄自纽约的来信，信中夹有一张往返纽约的双程机票，信中邀请他去拜访当年那对睡他床铺的老夫妻。

小伙计来到繁华的大都市纽约，老夫妻把小伙计引到第五大街和三十四街交汇处，指着那儿的一栋大楼说："这是一座新建的五星级宾馆，现在我们正式邀请你来当总经理。"

年轻的小伙计因为一次举手之劳的助人行为，美梦成真。

魔力悄悄话

为别人点亮的灯，照亮了别人，也帮助了自己，这就是乐于助人的心得。他们总是乐于为别人点亮生命的灯，所以，他们的人生道路上也能平安和灿烂。不管你是一个能力多么强的人，都不可能独自一人闯天下。要想让别人帮助你，你就必须先付出精力去关心别人、帮助别人，这样才能赢得别人的帮助。

四、心存善良,快乐成长

　　善良是一种智慧,是一种远见,是一种自信,是一种精神力量,是一种以逸待劳的沉稳,更是一种文化、一种快乐、一种幸福。因为你的善良、他的善良、我的善良,我们的身边多了一张张笑脸,而我们,也多了一个个朋友,多了一份快乐,多了一份恬静。

　　许多人一生都在追问这样一件事——人世间最宝贵的是什么?雨果说:"是善良,善良是历史中稀有的珍珠,善良的人几乎优于伟大的人。"中国的传统文化历来追求一个"善"字:待人处事,强调心存善良、向善之美;与人交往,讲究与人为善、乐善好施;对己要求,主张独善其身、善心常驻。当然,也正是因为你的善良,快乐才会永远围绕着你。

　　张春丽是一位普通的市民,文化程度不高,也说不出多深的大道理,但她却默默无闻地资助了许许多多素不相识的弱势群体。几十年来,她究竟做了多少好事,捐出去多少钱物,连她自己都搞不清楚了。

　　了解张春丽的人都说,她心地善良,极富同情心。张春丽在去上班的路上,会经过一个汽车站,南来北往的人群中有许多"可怜的人",只要是张春丽碰到了,她总会伸出援助之手。一年冬天,因为雪大,汽车班线停驶,张春丽看到两个孩子徘徊在车站门口,又冷又饿。她把两个孩子带到自己家里,安排他们吃住了一夜。第二天,张春丽找到司机,谎称是自己的侄子,让司机把两个孩子送回了家。事后,那两个孩子的父母给张春丽送来了一封热情洋溢的感谢信。

　　有一次她在收费站附近看到一个小孩在马路上走来走去,很危险。张春丽上前把他带到站里,发现他是一个弱智儿童,连家住哪里、叫什么名字都说不清楚。张春丽给孩子买来食品,下班后又将他带回家,给他买了新衣换上,然后将孩子送到儿童福利院。儿童福利院不要,她又带回家。后来孩子的父亲找到收费站,张春丽根据父亲留下的地址将孩子送回家。到他家一看,一个父亲带着两个弱智小孩,妻子出走,家中经济十分困难。张春丽临走时留下 50 元钱，以后又多次上门看望捐钱。

像这样的事情，就连张春丽自己也记不清了。也许你会说张春丽出手这么大方，她家的经济条件一定很好。其实，张春丽的家里是一贫如洗。她的母亲瘫痪在床，家里陈设十分简单。她穿的都是单位发的制服，贴身的衣服也是亲戚们送的，出门想找一件像样的衣服也找不到。她不会骑自行车，出门不是坐公交就是步行，从来舍不得打的。为了省钱，她一般不在外吃早点。她说，在外吃一碗面条要一块钱，可以买捆面回家吃三顿了。她对自己几乎到了十分苛刻的地步。

也有人对她的行为不理解，劝她做好事要量力而行，别把自己弄得太苦了。她说，这道理我也懂，但是看到有困难的人，忍不住就想帮一把，帮了别人心里很高兴，不帮心里就难过。幸好，张春丽的丈夫对她很理解。

不积跬步，无以至千里，如果我们每个人每天都保持着一个善良的信念；能够对身边的人多微笑几次；能够多做一件帮助他人的事，这样对个人来说是一小步，对整个社会来说是一大步。

魔力悄悄话

快乐是心理上的春日，只有在我们心存善良时才会最快乐，没有不良思想、悲悔的情绪，心理才能保持愉悦，快乐的雨滴永远洒向纯洁的心田。仰无愧于天，俯无愧于地，心理上总是那么洁白无瑕，你自然会感到快乐。善良的人，才会了解什么是快乐，快乐是与善良联系在一起的。心存快乐，快乐才会成长。

五、要做个善良的人

社会学家曾经说过,人有两种属性,一种是自然属性,一种是社会属性。自然属性是每一种动物都有的,而社会属性是人区别于动物的根本特性,人的"恶"的一面归为自然属性,而"善"则归为社会属性。可以说"善"是人区别于动物的特征。

法国大作家雨果说得好,人世间最宝贵的是什么? 是善良。心怀善良的人,总在播撒阳光和雨露,医治人们心灵的创伤;同善良的人接触,智慧得到启迪,灵魂变得高尚,襟怀更加宽广。

中国传统文化历来追求一个"善"字:待人处事,强调心存善良、向善之美;与人交往,讲究与人为善、乐善好施;对己要求,主张独善其身、善心常驻。

有一位名人说过,对众人而言,唯一的权力是法律;对个人而言,唯一的权力是善良。

播种善良,才能收获希望。一个人可以没有让旁人惊羡的姿态,也可以忍受"缺金少银"的日子,但离开了善良,却足以让人生搁浅和褪色——因为善良是生命中的黄金。

多一些善良,多一些谦让,多一些宽容,多一些理解,让人们在生活中感受到美好和幸福,这是善良的人们向往和追求的,也是我们勤劳善良的中华民族所提倡和弘扬的。

但我们听过不少关于善良即愚蠢的寓言故事。东郭先生、农夫与蛇,善良的农夫与东郭先生是多么可笑呀。故事告诉我们,如果你的对象是狼或者蛇,善良就是自取灭亡,善良就是死了活该,善良就是帮助恶狼或是毒蛇,善良就是白痴。

然而人们还是喜欢善良、欢迎善良、向往善良。善良才有幸福,善良才能和平愉快地彼此相处,善良才能把精力集中在建设性的有意义的事情上,善良才能摆脱没完没了的恶斗与自我消耗,善良才能实现健康的起码是正常的局面,善良才能天下太平。

一个人有了善良之情,他就会自觉地承担起家庭、社会的道德责任和义务,乐意去助人、济人、利人,这个世界如果大家互携互爱、互爱互助、互助互利,那我们的社会文明水准肯定会提高,社会环境肯定能纯净。每个善良的人犹如一棵树,既能洁净空气,又能供人凉爽,还能给世界增添美丽,倘若每个人都是一棵善良之树,那我们的世界就会变成爱的森林,我们大家就会共同拥有爱的绿荫。

明代名医张景岳说:"欲寿,唯其乐;欲乐,莫过于善。"古今中外养生学家都把"乐善好施"视为养生妙丹。有关长寿老人的研究资料表明,长寿者多为敦厚、为善之人,他们都心性平和,恬适淡然。善良可以让邪恶低头,让怨恨逃逸,让仇恨泯灭,它是纯净、和谐的,会得到善的回报;它是健康、平静的,会盛开鲜艳不谢的生命之花。

让我们来看两个故事,再次理解和感受善良。

一位穷困潦倒的年轻人,在别人开的一家商店当伙计。一次,一个妇女买纺织品时多付了几美分,他步行 10 公里赶上那位妇女退还了这几分钱。又一次,他发觉给一个女顾客少称了四分之一磅茶叶,他又跑了好几公里给她补上。

他在当邮务员的同时,还替人劈栅栏木条挣零花钱。一个寒冷的早晨,他走出家门时,看见一个年轻的邻居用破布裹着光脚,正在劈一堆从旧马厩拆下来的木料,说是想挣一块钱去买双鞋。他便让那青年回到屋里去暖暖脚,过了一阵子,他把斧子还给了那个青年,告诉说木柴已经劈好,可以去卖钱买鞋。

有一次,他当测量员在彼得斯堡测量后,故意把一条本可以笔直的街道设计成为弯的,是为了保全一个穷苦的孤儿寡母家庭的住房。如果把街道建成直的,这可怜的一家人就要露宿街头。

这位一贫如洗、地位卑微的年轻人在 25 岁时通过竞选当选为议会议员。1860 年 5 月,51 岁的他参加总统竞选,"拥护劈栅栏木条候选人"的呼声终日不息,最终他击败了对手,成为美国第 16 届总统。他便是亚伯拉罕·林肯。

一个善良的人,心地必定坦荡无私,必定不会受到邪念和杂念的侵扰,心中自有一片澄清。

这个世界上的真理,永远都是朴素的,就好像太阳每天从东边升起一样;就好像春天要播种,秋天要收获一样;就好像人有生命就有死亡一样;很多的道理都是我们明白但永远不可以违背一样。

孔子说过:"君子坦荡荡,小人长戚戚。"要做一个君子,首先必须做一个善良的人,善良的人一定有爱心,有善心,有同情心,有责任心,有理解之心,有宽容之心,有道德之心,也一定是一个睿智聪明的人。

有人说,爱的背面不是恨而是冷漠;也有人说,善良的背面不是恶而是妒忌;其实爱和善良是一体的,只是爱包括的范围很广,而善良的范围只有一个,爱的广义是爱别人也包括别人爱自己,而善良的广义是你必须去爱别人,去为别人做一些力所能及的事,去宽容别人的错,去记住别人的好,这样你的付出才会使别人去尊重你去爱你。

做一个善良的人,为自己为家庭为社会奉献爱心,做一个善良的人,用自己的实际行动去做一个高尚的纯洁的人。

做一个善良的人,是每个人都期待都盼望都希望都可以做的一件快乐的事。做一个善良的人,用自己的最真诚最真心的爱去完成它的使命吧。

做一个善良的人,从今天做起;做一个善良的人,从现在做起。

魔力悄悄话

善良是生命中的黄金,是人性中最美好最高尚的情感,但也是有些人最缺少的一种情感。一个善良的人,心地必定坦荡无私,必定不会受到邪念和杂念的侵扰,心中自有一片澄清。善良的人必定会享善良之福——善有善报。

六、自私自利要不得

禁止自私是一种无法做到的理想：我们总是在做自己内心想做的事情。从这个角度而言，每个人都是自私的，但自私并不都那么可怕，可怕的是私欲太盛，利令智昏，时时处处以自我为中心，以损公肥私和损人利己为乐事，一切围着自己想问题，一切围着自己办事情，在满足一己之私的过程中，不惜损害公益事业，不惜妨害他人利益。这样的人谁不怕？怕的时间长了，也就如同瘟疫一般，人们唯恐避之不及；怕的人多了，也就如过街老鼠一样，人人见之喊打。这样的人即便是比别人多捞取了一些利益，也不会从社会的意义上获得真正的幸福。如果说，他们也奢谈什么成功，充其量不过是鸡鸣狗盗的成功，没有任何值得骄傲和自豪的。

"点燃别人的房子，煮熟自己的鸡蛋。"英国的这句俗语，形象地提示了那些妨害他人利益的自私行径。

自私自利者不管是偷盗、贪污、索贿或挪用等手段把公共或他人的财产变成自己的财产，还是以权势捞取地位和荣誉，在别人看来，无疑都是不光彩的。

你如果是这样的一个人，你的心灵是不会安宁的，你所拥有的人生便是一个卑鄙的人生。

你在损公坑人的时候，只是在物质上、权势上和荣誉上肥了自己，暂时得到了一点儿实惠，而你付出的却是人格和灵魂的代价。由此你失去了纯洁美好的心地，你从本来美好的人生境界跌到了一堆垃圾上，你将不时地嗅到发自你灵魂深处的臭气。这是你的根本性的损失，永远无法挽回的损失。即使你以后觉悟到了而迷途知返，但那心灵上留下的污点是永远抹不去的，它将伴随着你的终生，你终归是得不偿失的。

因为你无法否认，人之所以为人的根本性的存在并不是这团肉、这副躯体外壳的存在，而是人之为人的精神、德行、人格的存在，抽去了后者，人与动物也就没有多大区分了。

所以,自私者的算计和耍弄小聪明是卑鄙和愚昧的。

自私者损人肥己式的小聪明,是一种卑鄙的聪明,是那种打洞钻空了房屋,而在房屋倒塌前迅速迁居的"老鼠式的聪明";是那种欺骗熊为它挖洞,洞一挖成便把熊赶走的"狐狸式的聪明";是那种在即将吞吃猎物时,却假充慈悲流泪的"鳄鱼式的聪明"。因此我们说自私自利要不得。

诚然,在无限的时间和空间里,每个人都处在一个独一无二的点上,而每一个人又都是一个完整的世界。关心自己,发展自己,实现自我,是每个人的追求,这没有什么不合理的,没有什么值得厚非的。

三毛说得对:"在我的生活里,我就是主角。"

魔力悄悄话

如果一个人的神经正常,没有人不关心自己,不希望发展自己,实现自己的理想。这一切可谓人之私欲使然。没有私欲是不正常的,有私欲而无度则更是不正常的,不损人利己,不损公肥私,这是最基本最道德的私欲标准。

七、原谅他人是一种大爱

拿破仑就是一个能原谅他人的元帅。在征服意大利的一次战斗中，打得很苦，士兵们都很疲劳。拿破仑夜间巡岗查哨过程中，发现一名巡岗士兵在大树底下睡着了。他没有喊醒士兵，而是拿起枪替他站起了岗，大约过了半个小时，巡岗士兵醒来发现是自己的最高统帅在替自己站岗，便战战兢兢地说："对不起，长官……"

拿破仑看着士兵要解释，和蔼地对他说："不必解释了，这是你的枪，你们作战很苦，打瞌睡是可以谅解和宽容的，但是目前，一时的疏忽就可能导致全军覆灭。我正好不困，就替你站了一会儿，下次一定要注意。"

拿破仑的一番话深深打动了士兵，同时也使士兵更加英勇作战。试想一下，如果拿破仑破口大骂，严厉训斥士兵，恐怕就会起到相反的作用。那位士兵很有可能就会反抗，觉得拿破仑没有人性。这样做就会丧失他在士兵中的威信，削弱军队的战斗力。

原谅他人是一种艺术，不是懦弱，更不是无奈的举措，而是另一种有效措施，当然也会大大提升自己的人格魅力。

春秋时期的楚庄王为了庆祝战役大获全胜，也为了要犒劳将士，便摆了一桌庆功宴。不仅大鱼大肉款待众位将领，更安排自己的一位宠妃，到席间亲自为将士斟酒，借此表示奖励。

在庆功宴上，将士们喝了很多酒，大有醉意。当这位妃子穿梭席间替将士们斟酒时，大厅上的蜡烛突然被风吹灭了，黑暗中，妃子感觉到有人趁机摸了她一把。

这位妃子也没有大喊，而是趁机把那个人头盔上的帽带扯了下来交给楚庄王，并且委屈地对他说："一定要好好惩罚一下那个没有了帽带的人，他趁黑暗的时候调戏我。"

楚庄王听说有人调戏自己的爱妃，当然怒火中烧，但是转念一想，今天这可是庆功宴，在座的诸位将士都是有功之臣，而且每个人都喝醉了。所以,何必要小题大做呢?以后的战争还要靠诸位将士。想到这儿,他的怒气就全消了。

于是楚庄王举起酒杯,对所有的将士们说:"诸位爱将,一定要玩得尽兴,不醉不归,因此请所有人都摘下头盔,不必拘泥礼节,大家一起狂欢吧!"

说罢,全场的人皆摘下头盔,就再也分不出谁是那个被扯下帽带的无礼军官了。大家也就更加高兴了。那位将士心里很清楚,特别感激楚庄王,因此也更加效力于楚庄王。

楚庄王宽宏大量,并体恤军心,不拘小节,顾全大局,因此能在春秋时代,为楚国开拓出一片繁荣盛世。

生活中的很多事情,都可大可小,每个人也不可能十分完美。因此,我们应该看到他人的优点,尽量将大事化小,小事化了。如果真能做到如此,我们的人格魅力就会大大提升。

魔力悄悄话

大爱是什么? 就是放下自己的仇恨原谅伤害自己的人,原谅他人的错误。如果真能做到如此,我们的人格魅力就会大大提升。生活中的很多事情,都可大可小,每个人也不可能十分完美。

第六章
自律，魅力的包装师

　　佛家认为，每个人心中都有一种魔性，而只有能够战胜心魔的人才能修成正果。这就需要人们具有自审、自省、自觉、自我高度调控和自我管理的能力，也就是自律能力。自律可以说是一条管道，而你为了使自己具有魅力，所以表现出来的力量，都会流经这个管道。

　　"君子爱财，取之有道"的思想，是中国古代儒家所倡导的。中国人挣钱讲究的是一个"道"字，老祖宗流传下来的做事原则，就是从仁义道德出发，追求正当利润，绝不赚不义之钱，绝不发不义之财。

一、君子爱财，取之有道

"取之有道"中的"道"，不同的人可能会有不同的理解，但无论你怎样理解，"道"都是指正道、正途的意思。

人们常说：有什么别有病，没什么别没钱。可见，钱这个东西对人是不可或缺的。正因为如此，很多人对金钱财富的渴求也是越来越强烈。然而，金钱是一把"双刃剑"，它既能够让人获得物质和心灵的双重满足，给人带来愉悦；同时，它又能给人带来物质和心灵的双重失落，让人痛苦。

可是钱从哪里来呢？钱自然是不会生钱的，得靠人一分一分地去挣。用什么方法能弄到钱，用什么方法能够在最快的时间里弄到最多的钱，这其中便是有说道的。

挣钱的方法很多，会挣钱可以说是一种智慧。中国人挣钱讲究的是一个"道"字，老祖宗流传下来的做事原则，就是从仁义道德出发，追求正当利益，绝不发不义之财。红顶商人胡雪岩对此特别重视，他曾对古应春说："做生意还是从正路上去走最好。"是的，要从正道取财，即走正道，不走歪道。

胡雪岩与庞二联手"销洋庄"，一切进展得非常顺利，不曾想庞二在上海丝行的档手朱福年为了自己的利益，拿着东家的钱却做自己的生意。他的如意算盘打得不错，赚钱归自己，赔本归东家。

但是世上没有不透风的墙，这事情被胡雪岩发现了，为了制服朱福年，胡雪岩用了一计。他让古应春先给朱福年的户头中存入五千两银子并让收款钱庄打了一个收条，然后让古应春找到朱福年，说由于资金紧张，自己的丝急于脱手，愿意以洋商开价的九五折卖给庞二。其实，这是胡雪岩的计策，他先给朱福年五分的好处，约合一万六千两银子，这五千两银子是头付。这在表面上是胡雪岩与朱福年之间暗中进行的一桩"秘密交易"，实际上，胡雪岩又暗中把这个交易透露给庞二。

这样朱福年也要失去庞二的信任，总之是猪八戒照镜子，里外不是人。他如果敢于私吞这笔银子，暗中为自己牟利，就犯了当伙计的大忌。胡雪岩就可以托人将此事透露给庞二,必丢饭碗;如果他老老实实将这笔钱归入丝行的账上,跟庞二说是帮胡雪岩的忙,十足垫付,暗地里收个九五回扣,这也是开花账,对不起东家;或者他老老实实,替庞二打九五折收胡雪岩的货,赚进一万六千两银子归入公账,那么,有这一个五千两银子的收据在手,也可以说他借东家的势力敲竹杠,吃里爬外。

总之,胡雪岩的这一计策非常漂亮。朱福年不仅老实照做,并且退还了那五千两银子,而此时古应春也"存心不良",另外打了一张收条给他,留下了原来存银时钱庄开出的笔据原件作为把柄。当古应春将此事告知胡雪岩时,胡雪岩对古应春说了一番话,胡雪岩说:"不必这样了。一则庞二很讲交情,必定有句话给我;二则朱福年也知道厉害了,何必敲他的饭碗。我们还是从正路上去走最好。"

胡雪岩认为做生意一定要按正常的方式、正当的渠道办。他对于自己迫不得已制服朱福年的"歪招",从心里是持否定态度的。他深深地明白做生意不能违背大原则,什么钱能赚,什么钱不能赚,要分得清清楚楚,不能一心只想赚钱而不顾道义。

有着"五金大王"之称的叶澄衷,便懂得"君子爱财,取之有道"的道理。

叶澄衷曾经是一名穷汉,靠在黄浦江上摇木船卖食品和日用杂货为生。

一天中午,一位英国洋人雇叶澄衷的小船过黄浦江。可能那洋人心中有事,船刚靠岸便匆忙离去。洋人离去后,叶澄衷发现舢板上有一只公文包。他打开一看,包内有钻石戒指、手表、支票本,还有数千元美金。叶澄衷从来都没有见过这么多的钱和这么多值钱的东西!也许他私自把这笔钱吞下,那么很有可能他从此不用再过苦日子了。然而他深深明白,自己虽然是很需要钱,但是不能违背良心,君子爱财,取之有道。为此,他丝毫没有惊喜,而是想到丢了包的洋人该不知会怎样着急。于是,他哪儿也不去,就在原处等候那位洋人。

直到傍晚,那位洋人才满脸沮丧地来到这里,在寻找了大半天之后,他已经对公文包能否找回不抱任何希望了。但他万万没有想到的是,自己的包竟然会在舢板上,更没有想到这个中国船工就是为了等自己已经等了大半天了。

洋人打开自己的包,见原物丝毫未动,不禁大为感动。他没有想到一个中国船工竟有如此品德,对外来之财毫不动心。洋人立即抽出一把美钞塞到叶澄衷的手中,以示谢意。叶澄衷却认为这是自己应该做的,没有什么了不起,拒不接受。洋人见势,便立即跳上小船,让叶送他到外滩。船一靠岸,洋人就把他拉到了自己的公司。

原来,这位洋人是一家五金公司的老板,见叶澄衷为人厚道,心中十分佩服,便想与叶澄衷合伙做生意。叶澄衷对于洋人的邀请愉快地答应了。

从此,叶澄衷走上了经商之路,在日后的经营中,他一如既往地秉承"君子爱财,取之有道"的美德,最后成为远近闻名的"五金大王"。

魔力悄悄话

君子爱财,取之有道,并不仅仅局限在拾金不昧,它的范围是很广的。总之,凡是通过自己的辛勤劳动,以正当合法的手段所获取的钱财都可视为正道之财。

二、自我反省，自我提高

反省是自我认识水平进步的动力。反省是对自我言行进行客观的评价，认识自我存在的问题，修正偏离的行进航线。对自己做错的事，知道悔悟和责备自己，这是自我提高的原动力。不反省不会知道自己的缺点和过失，不悔悟就无从改进。

著名作家李奥·巴斯卡力，写了大量关于爱与人际关系方面的书籍，影响了很多人的生活。

据说，他之所以有这样卓越的成就，完全得利于小时候父亲对他的教育。小时候，每当他吃完晚饭时，他父亲就会问他："李奥，你今天学了些什么？"这时李奥就会把在学校学到的东西告诉父亲。

如果实在没什么好说的，他就会跑进书房拿出百科全书学一点儿东西告诉父亲后才上床睡觉。这个习惯他一直维持着，每天晚上他都会拿十年前父亲问他的那句话来问自己，若当天没学到点儿什么东西，他是不会上床睡觉的。

这种自我反省的方法时时刺激他不断地吸取新的知识，产生新的思想，不断进步。

反省是自我认识水平进步的动力。

反省是对自我言行进行客观的评价，认识自我存在的问题，修正偏离的行进航线。

一般地说，善于自省的人都非常了解自己的优势和劣势，因为他经常仔细检视自己。这种检视也叫作"自我观照"，其实质也就是跳出自己的身体之外，从外面重新观看审察自己的所作所为是否为最佳的选择。这样做就可以真切地了解自己。

能够时时审视自己的人，一般都很少犯错，因为他们会时时考虑：我到底有什么力量？我能干什么事？我该干什么？我的缺点在哪里？为什么失败了或成功了？这样做就能轻而易举地找出自己的优点和缺点，使自己不断得到调整和提高，不断完善。

要做到自我反省、自我提高，就要培养自己的自省意识。

首先，培养自省意识就得有自知之明。正确地认识自己，实在是一件不容易的事情。

自知之明，不仅是一种高尚的品德，而且是一种高深的智慧。如果把自己估计得过高，就会自大，看不到自己的短处；把自己估计得过低，就会自卑，自己对自己缺乏信心。

只有估准了，才算是有自知之明。很多人经常是处于一种既自大又自卑的矛盾状态。一方面，自我感觉良好，看不到自己的缺点；另一方面，却又在应该展现自己的时候畏缩不前。所以，要自省首先就要正确地认识自己。

其次培养自省意识，要抛弃那种"只知责人，不知律己"的劣根性。当面对问题时，人们容易说：

"这不是我的错。"

"我不是故意的。"

"没有人不让我这样做。"

"这不是我干的。"

"本来不会这样，都怪……"

这些话是什么意思呢？

"这不是我的错"是一种全盘否认。否认是人们在逃避责任时的常用手段。

当人们乞求宽恕时，这种精心编造的借口经常会脱口而出。

"我不是故意的"，则是一种请求宽恕的说法。通过表白自己并无恶意而推卸掉部分责任。

"没有人不让我这样做"表明此人想借装傻蒙混过关。

"这不是我干的"是最直接的否认。

"本来不会这样，都怪……"是凭借扩大责任范围推卸自我责任。找借口逃避责任的人往往都能侥幸逃脱。他们因逃避或拖延了自身错误的社会后果而自鸣得意，却从来不反省自己在错误的形成中起到了什么作用。

孟子说：吾日三省吾身。

这是圣贤的修身功夫，普通人不易做到，但时时提醒自己，检视一下自己的言行却不是太难的事。一个人有了不当的意念，或做了见不得人的事，可能瞒过别人,但绝对骗不了自己。

一个人常常做自我反省,不仅能增强自己的理智感,而且可以知道什么是自己该做的,什么是自己不该做的。

魔力悄悄话

在生活和工作中不断地反省自己,并在反省中自我提高,这样才能随时发现自己的弱点,清除自己的弱点,从而真正做到避开弱势,发挥优势。建立自我反省机制是为了反观自我的不足,以达到提升自我、健全自我和改善自我的目的。

三、在不断地调整中茁壮成长

人要使自己在成功后仍然保持激昂的斗志，长久保持旺盛的战斗力，就要善于在人生的各个阶段不断调整自己，使自己适应不断出现的新情况。

天平如果不平衡，就不能称出精准的质量；身体的新陈代谢如果不平衡，就会生病；生态如果不平衡，就会发生危机。我们的人生如果失去平衡又会怎样？

有些时候，我们可能正在做一件很熟悉而令人愉快的事。事情进展很顺利，你的心情也异常轻松、如意，觉得一切都很好。可是，一个偶然的现象或者一闪而过的某个念头，突然使你想起了一件伤心的往事，你的心情在一瞬间便低落下来。

接下来你的情绪越来越不好，心里总是想一些令你感到失落的事。你想避开这种想法，可是不行，越是想忘掉的事，越是清晰，反复浮现在你的脑际。这时候，你手里做的事随之缓慢起来，手脚变得不听使唤，明明很熟悉简单的事，你却怎么也做不好。

不管多么强大的人，如果自大狂妄，都会被淘汰。出身贫困且偏远地区的人，经常对历史的发展有重大影响。以在法国科西嘉岛上的贫困家庭出身的拿破仑为例，他拥有坚强不屈的意志，甚至能够控制自己的肉体，视情况为需要调整睡眠时间。但是，拿破仑后来也脱离现实，自认为已立于不败之地，把自己看成了神。他忘记成功是由许多条件与历史因素（亦即当时人们对革命的信仰、基层士兵的欲望、欧洲各国民心一致）所造成的，于是走向衰败。如果他有更深的教养，能够倾听别人的声音并加以反省，能够不断提醒自己不要忘乎所以，或许就可以免于如此快速地走向没落。

实际上，所有的人都是如此。我们每个人的内心深处都隐藏着想要解放的欲望，这正是驱使我们向前走的强烈动机。但是，我们一旦在事业、恋爱、艺术、学术等方面获得成功，就容易忘掉是什么原因或靠谁的帮忙才得以成功，就容易放松自己。

在生活中,许多领导者、经营者都犯了这个错误,他们忘记是由于妻子营造了一个安定的家庭,再加上朋友的帮助、部下的打拼而成功的,于是,渐渐在自己周遭制造怨恨、不满和苦恼。终于有一天,当危险逼近,他才发觉自己孤独无助,并且即将被打倒。但是,即使面对这种状态,如果能及时清醒,改变态度,仍有免于被无情地淘汰的可能。

明白点说,人要使自己在成功后仍然保持激昂的斗志,长久保持旺盛的战斗力,就要善于在人生的各个阶段不断调整自己,使自己适应不断出现的新情况。

这种考验对每个人来说都是很严峻的,没有人能时刻做到心知肚明,而一旦从心理上稍有疏忽,灾难就可能随之降临。可以说,如何适时地调整自己的状态,以使自己适应人生中的各种时期和各种可能出现的意外,是生命中最重要的课题之一。

比如一名作家,在某一段时期里,他会感到有着非常强烈的创作欲望,不断地写出脍炙人口的作品来。在写作时,他会觉得思路很顺畅,文字像要从脑海里蹦出来一样。这时候他写的东西,优美感人,人物形象栩栩如生,使人读起来不忍释手。

可是,突然有一天,在他付出艰辛的努力终于写完一个长篇之后,他可能会感到浑身轻松,然后预备写下一个长篇小说。但他突然发现自己怎么也写不出东西来,尽管挖空心思,却收效不大,写出来的作品连自己也看不过去。这种情况同我们开始所述一样,作家忽然找不到感觉,但却很不容易明白这是什么道理。

但这并非是绝对不可扭转的,关键是不论在何种状况下,我们都应对自己的环境、心态、工作性质及周围人的因素有个明确的了解,适当调整自己的情绪,改变一成不变的工作方法。这样,才可能扭转颓势,使自己重新找到良好的状态,保持不断进取的势头。

以上的那位作家,是因为太投入紧张的工作和后来突然松懈形成的反差,造成心理上的疲软和过度紧张。这时候,他只要走出家门,放松自己,去大自然中走一走,用一段时间完全不想写作上的事。再次提笔时,他会发现自己的灵感恢复如初,写作起来异常顺利。

这是调整状态的一种方法,即转移注意力。我们在连续工作和过度紧张的情况下,就容易造成工作效率及心理情绪的低下,因此有必要转移注意力,让自己的身体和心灵都得到休息、恢复。

而对于另一种人来说，情况则完全与此相反。这种人是在取得一定的成功后，变得自大、骄傲、自以为是，从而放松了进取的主动性和积极性。

他们很满足于已经取得的成绩，认为自己用不着再像从前一样艰苦努力和辛勤劳作。因此他们开始讲究享受，个性也变得狂傲不羁，颐指气使，高高在上。但是这种日子不会持续太久，到他突然发现自己坐吃山空，需要重新创业时，他会惊慌失措，迫不及待地重操旧业。

显然，这时候他们已找不到当初劲头十足、游刃有余的感觉，做什么事都会磕磕绊绊，极不顺利。这当然是由于身心的懈怠所致。

善于调整自己的人不会允许自己出现这种松懈，不管取得了什么样的成就，他都能正确面对，心神宁静。他不会为任何的成功沾沾自喜，忘记了追求成功的艰辛和困苦，也不会为一时的挫折垂头丧气，失去了重新战斗的勇气。只有这种人，才不会被历史的洪流所埋没、冲走，消失得无影无踪。

此外，这种人在面对任何意外情况时，有极强的适应能力和应变能力，可以很快地分析眼前情况的利弊，做出行动与否的决定。

有一部分很有才干的人，就是因为无法应付突变情况而遭致毁灭性的打击。意外的灾害、工作的调动、不利的消息都可能导致一个人从此低落消沉，因不能适应新环境、新生活而变成一个平庸的人。这是很可悲的。

魔力悄悄话

真正的成功人士，则能对意外情况应付自如。他们不会惊慌失措，不会手忙脚乱，即便遇见最痛苦的事，他们也能冷静地面对。在最不利的情况下，他们一样能够振作起来。他们始终不会忘记自己的目标，终其一生地为了理想而奋斗。正因为有这个前提，这种人永远不会迷失方向，总是在不断调整自己的人生航向，使之在安全、正确的航道上高速前进，一直到达理想的彼岸。

四、逆境时要重新审视自己

人生如海，潮起潮落，既有春风得意、容光焕发的快乐又有万念俱灰、怅然若失的凄苦。为此，当你身处逆境时一定要重新审视自己。

逆境总会让人抱怨、苦恼，甚至迷乱，进而失去信心，但它也会激发人的进取心，对于强者来说，它是一种更大的动力。你会异常孤独，也会异常坚强，但所有的力量来自清醒的自我审视。

有个足球队员非常懒惰。他喜欢穿漂亮的球衣，喜欢出风头，喜欢听欢呼声，但始终不爱练球，不爱锻炼体力，比赛时也不肯全力以赴。

一天，教练拿着一封电报来找这个球员，是他母亲发来的。"念给我听吧。"他说，他甚至懒得自己看。教练念了："你父亲病故，速回。"这个球员呆住了，当夜他便离队回家。

不久之后，他归队了，这时球队正忙着参加一项重要的比赛。冠军决战日那天队上伤兵累累，教练正苦于无法调度，这位球员竟一反常态，不断争取上场的机会。教练对他并没有信心，但碍于情势，只好勉为其难地让他上场。

不料这位球员上场后，竟然犹如神助，连连得分，为团队赢得了胜利。赛后教练不解地问他，为什么会有这么好的表现，他说："我父亲是个盲人，生前他看不到我的球赛，现在他可以看到了。"

我想这位球员肯定是在父亲过世后，认真反思了一番，想想自己那辛劳的母亲，就下决心自己要好好踢球。

美国自由书评家桑纳在他的《发现勇气》一书中讲述了这样一个故事：

琼留着红艳欲滴、修剪精致的长指甲，年纪已经四十好几，但双手之滑嫩宛如属于16岁少女所有。我见到她，真想把我那双满是皱纹、指甲粗短的手藏在口袋里去，但琼抓住我的手，把我拉近，用一种高声的细语，向我讲些她有名的低级笑语，我们略略地笑成一团，然后我忘掉了手的粗鄙。

琼住在疗养院，和我继父安迪同一楼层。他刚搬进来时，是琼接待他的，指点他门路——把他介绍给其他住户，并给他情报，哪些管理人员可以找，哪些该敬而远之。

她罹患机能退化症，病况恶化得很快，我认识她的时候，她已经要绑在轮椅上才能坐直了。有些日子，她会把指甲掐入手掌心，死命地喊着要多吞几颗止痛药。她丈夫早就离开她了，知道她有病之后就不再搭理她了。当然，她也没有子女。

在琼过世之前，有人问她是什么力量支持她活下去，她说："猫王的福音音乐，还有祷告。"

琼是在自己生命的最后尽头，重新审视了自己的活法，要让自己的最后生命延长，要让自己活得更加滋润。

魔力悄悄话

或许人经常是在逆境中才能更好地审视自己，或许命运也是个动态的平衡，只有在事情遭遇波谷的时候，才让我们有了更多的精神思考。为此，当你身处逆境时一定要重新审视自己。

五、时时反省自己

金无足赤，人无完人。人活在世上，谁都难免有这样或那样的缺点和错误，谁都难免有丑陋的一面。就连爱因斯坦都宣称，他的错误占 90%，那么我们普通人身上的错误就更不用说了。因此，我们需要时时反省自己。

在朋友的书房里，赫然醒目地挂着一张条幅："在飞逝的今天，你为生活留下了什么？"而且问号写得特别大。朋友说："这张条幅像是悬在我脊梁上的一条鞭子，问号像一把锋利的离别钩，直刺我的心灵。"朋友认为，善待每一天是成功人生的真实写照。每一天都是描绘成功人生画卷的一笔，我们必须认真地画好每一笔。人生好比一卷长长的胶片，每一格胶片记录着每天的生活态势。所谓反省，就是反过来省察自己，检讨自己的言行，看一看有没有要改进的地方。

我们每个人都要经常跳出自身来反省自己，取出自己的心，一再地检视它，这样才能真正了解自己。古今中外许多伟人和智者，就是通过反省来战胜自己内在的敌人，打扫自己思想灵魂深处的污垢尘埃，减轻精神痛苦，从而净化自己的精神境界。

18 世纪法国伟大的思想家、文学家卢梭在少年时，曾经将自己的极不光彩的盗窃行为转嫁在一个女仆的身上，致使这位无辜的少女蒙冤受屈，并被主人解雇。后来这种卑鄙龌龊的行为，使他深深地陷入痛苦的回忆中。他说："在我苦恼得睡不着的时候，便看到这个可怜的姑娘前来谴责我的罪行，好像这个罪行是昨天才犯的。"

后来，卢梭在他的名著《忏悔录》中，对自己做了严肃而深刻的批判。他敢于把这件"难以启齿"而抱恨终生的丑事告诉世人，也显示了他勇于忏悔的坦荡胸怀和不同凡响的伟大人格。

人要在比较中进行反省。比较可以带来进步，但比较前要先了解自己的独特、纯粹的自我，从而认清自我，发挥潜力。否则，比较之后只是一味地模仿别人，最后也只能落得个"自我"的虚名而已。

　　人出生时，那清澈透明的眼睛所见到的天地间的任何事物，都是珍贵无比、难以得到的宝贝。但是日复一日、年复一年，我们的眼睛开始蒙尘，同时心灵也堆满了尘埃。每天给自己安排一段"冥想"的时间，对自己的一言一行进行反省，我们就会扫除思想上的尘埃，减轻心灵的痛苦。

　　反省是认识自我、发展自我、完善自我和实现自我价值的最佳方法。成功学专家罗宾认为：我们不妨在每天结束时好好问问自己下面的问题：今天我到底学到些什么？我有什么样的改进？我是否对所做的一切感到满意？如果你每天都能改进自己的能力并且过得很快乐，必然能获得意想不到的丰富人生。

魔力悄悄话

　　时时不忘反省自己，我们就能打开人生的智慧之门，进入人生的更高境界，拥有高尚的人格魅力。真诚地面对发现的问题就是反省，其目的就是要不断地突破自我的局限，省察自己，开创成功的人生。

六、忍让是一种修养

忍让是一种修养、一种德行、一种度量。如果我们人人都具有忍让的心态,那么就会减少更多的矛盾冲突,我们就会变得更加有修养。

人的一生,一半是事实,一半是愿望,愿望只存在心中,事实才在脚下。然而,无论是事实还是愿望,人都要忍耐。为生活、为理想、为志向,甚至为了日常的闲言碎语,人都忍受着。忍辱负重固然苦,但人总是只有长久地卧薪尝胆,才能不鸣则已,一鸣惊人。

释迦牟尼所说的"六度万行,忍为第一"的话是多么精辟!为了使大家进一步理解"忍"的内涵及奥秘,下面再让我们看一看先哲们对于"忍"的经典论述。

孙真人曰:"忍则百恶自灭,省则祸不及身。"谚曰:"得忍则忍,得戒则戒;不忍不戒,小事成大。"由此我们可见,无论是对人对己,忍与不忍,事关重大,忍则心平身安,不忍则祸及身家。所谓"一忍百事成,百忍万事兴"说的正是这个道理。

当你受到无辜伤害或被他人欺侮时,你是以牙还牙呢,还是忍让为先呢?

某些人无法忍受一些琐碎的烦恼,而那些烦恼可以充斥生活的大部分,如果允许他们那样生活的话。他们错过火车时雷霆大发,晚餐烧糊时恼怒不堪,火炉漏烟时大失所望,洗衣店未把洗好的衣服送回时便对整个工业界赌咒要报复,这种人在琐碎的烦恼上所浪费的精力,如果较明智地加以利用的话,足以建设大企业。明智的人不会注意女仆不曾擦去的灰尘、厨子不曾烧好的土豆和不曾扫除的煤灰。忧虑、烦躁、愤怒均是毫无作用的情绪。

麦金莱做美国总统的时候,在某次本来可以发怒的情况下,制止了自己的愤怒,这就足以证明他是一个能够自制的人。他有一种很聪明而极简单的方法,以制服那发怒的对手。

有几位代表,因总统指派某人为收税的经纪人而一起抗议。其中领头的是一个议员，性情很粗暴。他用愤怒的口气骂着总统，差不多用的是一种侮辱的词汇。但是总统毫不作声，任他去宣泄他的情绪，然后很平和地说："现在你感觉好些了吗?"继而接着说，"照你所说的这种言词，你实在是无权晓得我何以要指派某人，不过我还是告诉你。"

那位议员的脸马上红了，急忙道歉，但是总统又用一副笑脸说："无论什么人如果不了解事实，总是容易被弄得发狂的。"然后他解释其中的原委。

麦金莱总统这种冷静而带讽刺的答复，足以使这位议员觉得自己用这种粗暴的语言是错的，而这次的指派或许是对的。他的这种聪明的应对，使那位议员完全无所施其力了。

这个议员回去报告他交涉的结果时，只能说："伙计们，我忘了总统所说的是些什么，不过他是对的。"

对于无关紧要的事发脾气，可以在面对大事时保持镇静，而这时的耐心是极重要的。

曾经在民众煤气公司做过 30 年总经理的比利兹有一个怪脾气，便是对小事极易发脾气，而对于重大的事却能若无其事。有一天他把一盒雪茄烟遗忘在四轮马车里，过了一会儿他记起来了，便回头去找，但是却已不见影踪。

他非常恼怒，大声吼叫起来，旁边站着的人以为他是掉了很贵重的烟，但事实上却是 5 分一支的雪茄烟，一共不过 2.5 元。

他这次的情形，与某次他损失一笔大款项时的情形，形成了鲜明的对比。那正是经济恐慌时期，比利兹先生因卧病在床，有几天没出去。可就在这几天里，银行因几笔款项而损失了大约 3 万元，而且没有担保。当别人把这一损失告诉他的时候，他却只用手摸着头发，想了一想，然后说："算了吧，如果不打破几个蛋，总做不成软煎蛋的。"

在中国，"忍"字更成了众多有志之士的人生哲学。越王勾践也罢，韩信也罢，都曾忍受过他人无法忍受的屈辱，最终渡过了难关，成就了大业。清·金兰生《格言联璧·存养》中说："必能忍人不能忍之触忤，斯能为人不能为之事攻。"战国时期，出生于魏国的范雎，因为家境贫寒，开始时只在魏国大夫须贾手下当门客。有一次，须贾奉命出使齐国，范雎作为随从前往。到了齐国，齐襄王迟迟不接见须贾，却因仰慕范雎的辩才，叫人赏给范雎十斤黄金和酒，但范雎辞谢了。须贾却由此产生了疑心，认为范雎是把秘密情报告诉齐国，齐襄王才赠送礼物的。回国后，须贾将自己的疑心告诉了魏国宰相魏齐。魏齐下令把范雎传来，用竹板责打他，打折了肋骨，打落了牙齿。范雎假装死去，被人用苇箔卷起来，丢在厕所里。接着魏齐设宴喝酒，喝醉了，轮流朝范雎身上小便。后来，范雎设法逃离魏国，改换姓名，辗转到了秦国，当上了秦国的宰相。

魔力悄悄话

我们一生当中会遇到很多问题，如果你能忍第一个问题，你便学会了控制你的情绪和心志，以后碰到大的问题，自然也能忍，也自然能忍到最好的时机再把问题解决，这样才能成就大事业！

七、做个有自制力的人

自制力是人每时每刻、长年累月都能控制自己不向欲望低头的能力。一时的自制很容易,一次的自制也不难,难能可贵的是每一次面对诱惑和欲望时,你都能把持自己、控制自己。如果说热忱是促使你采取行动的重要原动力,那么自制就是指引你行动方向的平衡轮。因此,要做个有自制力的人。

美国开国三杰中年龄最大、成就也最大的本杰明·富兰克林是一个多面能手。他既是成功的企业家、科学家、发明家、作家,同时也是成功的政治家、外交家、思想家。可以说,本杰明·富兰克林是所有美国人心目中的楷模。

有人曾想从本杰明·富兰克林的成功经验中探求他成功的奥秘,所以问他:

"富兰克林先生,你每天都在做些什么呢?"

富兰克林答道:"我每天都在和自己作战。"

"那你战胜自己了吗?"

"是的,我暂时战胜自己了,可是明天他又会起来反叛,所以到了第二天我还得跟自己作战。"

本杰明·富兰克林的话发人深省。

美国开国三杰的另一位、同时也是最年轻的一位托马斯·杰斐逊也说过与此类似的话:"人生是一场战争,跟自己作战是其中一个最关键,也是最难打的战役。"

这场战役可能有三个结果:

一是不战而胜。

二是战而胜之。

三是战而不胜。

不用说,第一个结果是最了不起的,但只有圣人才能做到。而普通人只有时刻坚守自己的阵地,才能在人生漫漫的几十年光阴中保守住最后那个胜利的结局。那些也许只有一次没能把持好战斗的人,很可能会导致整场战役的败局,成为获得第三种结果的失败者。

青少年在日常生活中应该从以下方面提高自己的自制力,才能把握好人生的方向盘,才不会有"刹车失灵"时的追悔莫及。

1. 加强思想修养。提高自制力最根本的方法是树立正确的人生观、世界观,保持乐观向上的健康情绪。

2. 提高文化素养。一般来说,一个人的文化素养同其承受能力和自控能力成正比。文化素质比较高的人往往能够比较全面正确地认识事物,认识自我和他人的关系,自觉地进行自我控制、自我完善。

3. 要强化自我意识。遇事要沉着冷静,自己开动脑筋,排除外界干扰或暗示,学会自主决断。要彻底摆脱那种依赖别人的心理,克服自卑,培养自信心和独立性。

4. 稳定情绪。用合理发泄、注意力转移、迁移环境等方法,把将要引发冲动的情绪宣泄和释放出来,保持情绪稳定,避免冲动。

5. 要强化意志力量。要培养自己性格中意志独立性的良好品质,对自己奋斗的目标要有高度的自觉。只要你经过自己的实践认准的事,就应义无反顾地做下去,想方设法达到预期目的。不必追求任何事情都做得十全十美,不必苛求自己没有一点儿失败,不必过多地注意别人怎样议论你。

魔力悄悄话

一定要弄清楚什么是自己最需要的。当需要不能同时兼顾时,抑制一些不可能实现的需要。如古人所云:鱼我所欲也,熊掌亦我所欲也,二者不可得兼,舍鱼而取熊掌者也。

第七章
宽容，魅力的调味剂

　　古人说"有容德乃大"，又说"唯宽可以容人，唯厚可能载物"。从社会生活实践来看，宽容大度确实是人在实际生活中不可缺少的素质。做人要胸襟宽广，要有宽容平和之心，这不仅是一种魅力，更是社会成功的一种要素。

　　一个以敌视的眼光看世界的人，对周围人戒备森严，心胸窄小，处处提防，他不可能有真正的伙伴和朋友，只会使自己陷入孤独和无助中；而宽宏大量，与人为善，宽容待人，能主动为他人着想，肯关心和帮助别人的人，则讨人喜欢，易于被人接纳，受人尊重，具有魅力，因而能更多地体验成功的喜悦。

一、用宽容打开爱之门

经历一次宽容，就会打开一道爱的大门。

在 18 世纪，法国科学家普鲁斯特和贝索勒是一对论敌。他们围绕定比定律争论了有 9 年之久，他们都坚持自己的观点，互不相让。最后的结果是普鲁斯特获得了胜利，成了定比这一科学定律的发明者。但是，普鲁斯特并未因此而得意忘形，独占天功。他真诚地对与他激烈争论的对手贝索勒说："要不是你一次次的责难，我是很难进一步将定比定律研究下去的。"同时，普鲁斯特特别向众人宣告，定比定律的发现，有一半功劳是属于贝索勒的。

在普鲁斯特看来，贝索勒的责难和激烈的批评，对他的研究是一种难得的激励，是贝索勒在帮助他完善自己。这与自然界中"只是因为有了狼，鹿才奔跑得更快"的道理是一样的。

普鲁斯特的宽容是博大而明智的，他允许别人的反对，不计较他人的态度，充分看到他人的长处，善于从他人身上吸取营养，肯定和承认他人对自己的帮助。正是由于他善于包容和吸纳他人的意见，才使自己走向成功。

这种宽容实在让人感动，想到时下学术界中屡见不鲜的相互诋毁、压制排挤、争名夺利等文人相轻的现象，让正直的人倍觉耻辱。

著名天文学家第谷和开普勒之间的友谊就是一曲优美的宽容之歌。

开普勒是 16 世纪的德国天文学家，在年轻尚未出名时，曾写过一本关于天体的小册子，深得当时著名的天文学家第谷的赏识。当时第谷正在布拉格进行天文学的研究，第谷诚挚地邀请素不相识的开普勒和他一起合作进行研究。

开普勒兴奋不已，连忙携妻带女赶往布拉格。不料在途中，贫寒的开普勒病倒了。第谷得知后，赶忙寄钱救急，使得开普勒渡过了难关。后来由于妻子的缘故，开普勒和第谷产生了误会，又由于没有马上得到国王的接见，开普勒无端猜测是第谷在使坏，写了一封信给第谷，把第谷谩骂了一番后，不辞而别。

第谷是个脾气极坏的人，但是受此侮辱，他却显得出奇的平静。他太喜欢这个年轻人了，认定他在天文学研究方面的发展将是前途无量的。他立即嘱咐秘书赶紧给开普勒写信说明原委，并且代表国王诚恳地邀请他再度回到布拉格。

开普勒被第谷的博大胸怀所感染，重新与第谷合作，他们俩合作不久，第谷便重病不起。临终前，第谷将自己所有的资料和底稿都交给了开普勒，这种充分的信任使得开普勒备受感动。开普勒后来根据这些资料整理出著名的《路德福天文表》，以告慰第谷的在天之灵。

浩瀚如海洋般的宽容情怀，使第谷为科学史留下了一页光辉的人性佳话。这种宽容像雨后的万里晴空，清新辽阔，一尘不染。这种宽容像是舐犊情深，对下一辈给予温暖的关爱和呵护；像是辽阔的大地，让所有为大地增添靓丽生命的物质，都有自己的一片发展天地；亦像是一条乡间的小河，让水草悠悠地生长，让小鱼快乐地游来游去。

佛界有一副名联："大肚能容，容天下难容之事；开怀一笑，笑世间可笑之人。"谚语中还常说："将军额上能跑马，宰相肚里可撑船"，"忍一时风平浪静，退一步海阔天空"，这些话无非是强调为人处事要豁达大度，要奉行宽以待人的原则。也许是昨天，也许是在很早以前，某个人伤害了你的感情，而你又难以忘怀。你自认为不该得到这样的损伤，因而它深深地留在你的记忆中，在那里继续侵蚀你的心。

当我们恨我们的仇人时，我们的内心被愤怒充溢着，这就等于给了他们制胜的力量，那力量能够妨碍我们的睡眠、我们的胃口、我们的血压、我们的健康和我们的快乐。如果我们的仇人知道他们如何令我们苦恼，令我们心存报复的话，他们一定非常高兴。我们心中的恨意完全不能伤害到他们，却使我们的生活变得像地狱一般。

莎士比亚是一个善于宽以待人的人，他说过，不要因为你的敌人而燃起一把怒火，炽热得烧伤自己。广览古今中外，大凡胸怀大志、目光高远的仁人志士，无不是大度为怀，置区区小利于不顾，相反，鼠肚鸡肠，竟小争微，片言只语也耿耿于怀的人，没有一个是成就大事业的人，没有一个是有出息的人。

在待人处事中，度量直接影响人与人之间的关系是否能和谐发展。人与人之间经常会发生矛盾，有的是由于认识水平的不同，有的是由于一时的误解造成的。如果我们能够有宽容的度量，以谅解的态度去对待别人，就可以赢得时间，使矛盾得到缓和，反之，如果度量不大，那么即使为了芝麻点大的小事，相互之间也会斤斤计较，争吵不休，结果是伤害了感情，影响了友谊。在这个世界上我们各自走着自己的人生之路，熙熙攘攘，难免有碰撞，即使心地最和善的人也难免有伤别人的心的时候。朋友背叛了我们，父母责骂了我们，爱人离开了我们，都会使我们的心灵受到伤害。

哲学家汉纳克·阿里德指出，堵住痛苦回忆的激流的唯一办法就是宽恕。1983年12月的一天，教皇保罗二世就宽恕了刺杀他的凶手M.A.阿格卡。对普通的人来说，宽恕别人不是一件容易的事情，在一般人看来，宽恕伤害者几乎不合自然法规，我们的是非感告诉我们，人们必须为他所做的事情的后果承担责任。但是宽恕则能带来治疗内心创伤的奇迹，以致能使朋友之间去掉旧隙，相互谅解。

当人们受到不公平的待遇和很深的心灵创伤之后，自然对伤害者产生怨恨情绪。一位妇女希望她的前夫和新妻的生活过得艰难困扰，一位男子希望那位出卖了他的朋友被解雇等等，就是这种典型的怨恨心态。怨恨是一种被动的、具有侵袭性的东西，它像是一个化了脓且不断长大的肿瘤，使我们失去了欢笑，损害了健康。怨恨，更多地危害着怨恨者本人，而不是被仇恨的人，因此，为了我们自己，必须切除怨恨这个肿瘤。

然而怎样才能切除这个肿瘤呢？

首先要正视自己的怨恨，没有人愿意承认自己经常痛恨别人，所以我们就应该把怨恨埋藏在心底，但怨恨仍然在平静的表面下奔流，损伤了我们的感情。承认怨恨，就等于强迫我们对扭曲的灵魂施行手术以求早日痊愈，即做出宽恕的决定。我们必须承认所发生的一切事情，面对另外一个人直接地说："你虽然伤害了我，但我愿意宽恕你。"

丽兹是美国加利福尼亚大学的副教授，一个很称职的教师。她的系主任答应替她向教务长请求提升她，然而他口是心非，在向教务长提交的报告中却严厉地批评了丽兹的工作，以致教务长对丽兹说："走吧，你只好另谋职业去了。"

丽兹恨透了系主任对她的诋毁。但她还得从他那里得到一纸推荐书，以便另寻职业。系主任对她说："很抱歉，尽管我在教务长面前为你说了许多好话，但仍然不能使教务长提升你。"丽兹假装相信他的话，但她内心却无法忍受这口怨气，一天，她直接和这位系主任吐露了心中的怨气，系主任竟断然否认了，这使丽兹看出他是个多么可怜多么卑微的人。于是她感到和这样的人不值得生气,并最后决定把这桩事情抛在一边。

有人说,丽兹的这种宽恕是软弱的表现,但也有人不同意这种说法。冤冤相报抚平不了心中的伤痕,它只能将伤害者和被伤害者捆绑在无休止的怨恨战车上。圣雄甘地说得好:倘若我们大家都把"以眼还眼"式的正义作为生活准则,那么全世界的人恐怕就要都变成瞎子了。第二次世界大战后,科学家雷侯德·列布赫也说过这样一句格言:"我们最终必须与我们的仇敌和解,以免我们双方都死于仇恨的恶性循环之中。"

在同一联盟内部,宽恕是消除内部矛盾的有效方法;对志趣相投的群体来说,唯有不断地宽恕,才能取得事业上的共同成功。

魔力悄悄话

一个人经历一次忍让,就会获得一次人生的亮丽;经历一次宽容,就会打开一道爱的大门。让岁月为我们抚平仇恨的伤痕,因为如果我们这样做的话,我们就不会再深深地伤害自己。让我们像大海一样,不要浪费一分钟时间去想那些我们根本就不喜欢的人,把精力和感情白白地耗费在他们身上,那该是多么不划算啊!

二、宽容会赢得敬重

你见到过别人发火吗？一定见到过好多次。粗脖红脸的好凶啊！那里面也许包括你。

人与人的交往是很普通的事，因为交往能增进双方的友谊，交往能促进事业的成功，所以人们总是把交往作为人生的一件大事。但总是有些人因脾气火暴，不懂得宽容谦让，往往事与愿违，徒增苦恼。

事后想想，其实大可不必，只要用平和的心态，多一些宽容、谦让和理解，许多事情是完全可能做得更好的。

著名的石油大王洛克菲勒先生晚年就是一个"大人不计小人过"的人，不论做任何事他都会用平和的心态去宽容理解别人，他说："不论你是平民百姓，还是达官贵人，都应懂得理解和宽容别人的过失。用一个平常人的心态去同别人交往，这将会对你的一生很重要，它不仅可以使你每天都有一个好的心情，而且还会用对人怨恨的时间去干一些有意义的事。"

这可是肺腑之言，尤其是出自向来以尖酸刻薄著称的洛克菲勒之口！年轻时的洛克菲勒因脾气火暴而得罪了许多人，以至于有很多人发誓要杀了他。后来因为身体等多方面的原因使他幡然悔悟，从此他便成了一个非常懂得容忍谦让的人。

洛克菲勒有一个习惯，每月的最后三天，他都要徒步旅行。有一次，他完成了三天的徒步旅行准备乘火车返回总部，他来到加州地区的一个又脏又乱的小车站，在靠门的座位上等车，由于长途跋涉，他显得很疲惫，身上挂满尘土，鞋子上沾满了污泥，显得老了许多。

列车进站，开始检票了，洛克菲勒不紧不慢地站起来，还伸了个懒腰，准备往检票口走。忽然，候车室外走来一个胖太太，她提着一只很重的箱子，显得有点力不从心。显然她也要赶这班车，可箱子太重，累得她呼呼直喘。她左顾右盼，好像是在找人帮她一把，胖太太一眼瞅见了浑身沾满污泥的洛克菲勒。冲他大喊："喂，老头，你给我提一下箱子，我给你小费。"洛克菲勒想都没想，拎着箱子就和胖太太一起朝检票口走去。

　　他们刚刚检完票上车,火车就开动了。胖太太擦了一把汗,庆幸地说:"还真是多亏了你,不然我非误车不可。"说着掏出一美元递给洛克菲勒。

　　洛克菲勒微笑着接过钱,询问胖太太要到哪里,胖太太说刚从加州看望儿子回来,边说边准备把箱子塞到座位底下,以免阻碍过往乘客。这时,列车长走过来说:"洛克菲勒先生,你好,欢迎你乘坐本次列车,请问我能为你做点什么吗?"

　　"谢谢,不用了,我只是刚刚结束了一个为期三天的徒步旅行,现在要返回纽约的总部。"洛克菲勒微笑着谢绝了列车长的关照。

　　"什么? 洛克菲勒?"胖太太惊叫起来,"上帝,我竟让著名的石油大王洛克菲勒先生来为我提箱子呢,居然还给了他一美元小费,我这是在干什么啊?"她忙向洛克菲勒道歉,并诚惶诚恐地请洛克菲勒把一美元小费退给她。

　　"太太,不必道歉,你根本没有做错什么。"洛克菲勒微笑着说,"这一美元,是我挣的所以我收下了。"说着,洛克菲勒把一美元郑重地放在了口袋里。

　　真正的大人物,懂得如何去宽容和理解平常人,也从来都是用平和的心态同平常人站在一起的。洛克菲勒就是这样的一种人,他们以宽容和理解赢得了别人对他们更大的尊重。

　　宽容和理解历来都是人们想得到而不想付出的,那么该如何去理解和宽容别人呢?

　　其实宽容和理解不仅是一个人有修养的表现,也是增进你与别人友谊的桥梁,如果用平和的心态去宽容和理解别人,别人也会由于你的宽容而感激不尽的,从而也会宽容和理解你,这样,很多事情都可以非常简单地解决。

　　比如,在生活中常常有一些说话没把握、办事没分寸的人,如果把这些人看成是讨厌的人,最不愿接近的人,那么就会减少一个朋友;如果用宽容的态度去对待他,那么也许就会多一个朋友。

魔力悄悄话

　　宽容和理解是人际交往中不可缺少的东西,尽管每个人都不是十全十美的,或多或少都会犯一些不尽如人意的错误,但还是尽早学会宽容别人吧! 宽容别人其实就是为自己的魅力增添光彩。

三、为了自己，宽容他人

"要是自私的人想占你的便宜，就不要去理会他们，更不要想去报复。当你想跟他扯平的时候，你伤害自己的，比伤到那家伙的更多……"这段话听起来好像是什么理想主义者所说的，其实不然。这段话出现在一份由美国某乡镇警察局所发出的一份通告上。报复怎么会伤害你呢？伤害的地方可多了，根据《生活》杂志的报道，报复甚至会损害你的健康。"高血压患者最主要的特征就是容易愤慨。"《生活》杂志说，"愤怒不止的话，长期性的高血压和心脏病就会随之而来。

现在你该明白西方人崇尚的圣经里所谓"爱你的仇人"，不只是一种道德上的教诲，简直可以说是在宣扬一种另类的医学。当要求你做到"要原谅70个7次"的时候，这实际上是在教我们怎样让自己避免罹患高血压、心脏病、胃溃疡和许多其他的疾病。

怨恨的心理，甚至会毁了我们对食物的享受。圣经上面说："怀着爱心吃菜，也会比怀着怨恨吃牛肉好得多。"

莎士比亚是一个善于宽待人的人，他说："不要因为你的敌人而燃起一把怒火，炽热得烧伤你自己。"

心胸太窄，容不得一个"恕"字，纯粹是给自己"添堵"。曹操和周瑜都是三国时代才华横溢的人，然而两人的度量却大相径庭。

袁绍进攻曹操时，令陈琳写了三篇檄文。陈琳才思敏捷，斐然成章，在檄文中，不但把曹操本人臭骂一顿，而且骂到曹操的父亲、祖父的头上。曹操当时很恼怒，气得全身冒火。不久，袁绍兵败，陈琳也落到了曹操的手里，一般人认为，曹操这下不杀陈琳就难解心头之恨了。然而，曹操并没有这样做。他仰慕陈琳的才华，不但没有杀他，反而抛弃前嫌，委以重任。这使陈琳很感动，后来为曹操出了不少好主意。

周瑜是个将才，可是他却没有大将应有的度量。周瑜聪明过人，才智超群，然而，妒忌心极重，容不得超过自己的人。他对诸葛亮一直耿耿于怀，几次欲加害之，均不得逞。赤壁之战，周瑜损兵马，费钱粮，却叫孔明图了个现成，气得周瑜"大叫一声，金疮迸裂"；后来，周瑜用美人计，骗刘备去东吴成亲，又被诸葛亮将计就计，最后是"赔了夫人又折兵"，又气得周瑜"大叫一声，金疮迸裂"；最后，周瑜用"假途灭虢"之计，想谋取荆州，被孔明识破，四路兵马围攻周瑜，并写信规劝他，周瑜仰天长叹："既生瑜，何生亮！"连叫数声而亡，可见周瑜度量之小。无怪连东吴的鲁肃也要说："公谨（周瑜）量窄，白取死耳！"

历览古今中外，大凡胸怀大志、目光高远的仁人志士，无不以大度为怀，置区区小利于不顾。相反，那鼠肚鸡肠、竞小争微、片言只语也耿耿于怀的人，没有一个成就了大事业，没有一个是有出息的人。

请为了自己，也为了社会的安定，学会宽容别人。

魔力悄悄话

如果我们的仇人知道我们对他的怨恨使我们精疲力竭，使我们疲倦而紧张不安，使我们的外表受到伤害，使我们得心脏病，甚至可能使我们短命的时候，他们能不拍手称快吗？即使我们不能爱我们的仇人，至少我们也要爱我们自己。要使仇人不能控制我们的感情、我们的健康、我们的外表，还有我们的时间和我们的精力。

四、宽容那些伤害过自己的人

人生不过是借来的一段光阴，宽容别人等于祝福自己，如果你想要健康和幸福，你就必须原谅每一个伤害过你的人。你如果不能首先去原谅别人，你就不能真正原谅你自己。有时候想想觉得挺冤的，这一辈子忙忙碌碌到底为什么？世界太大了，人太渺小了。想一想为自己的时候少，为别人的时候多。最后奋斗了半天，还不是撒手西去，留下万般家产与后人。但是无论怎样，一个人有多大的功劳与贡献也好，还是一事无成也好，他都难逃生老病死的自然规律。一瞬间被烧成了灰烬，什么都没有了。

在美国历史上，恐怕再没有谁受到的责难、怨恨和陷害比亚伯拉罕·林肯多的了。但是根据那些传记中的记载，林肯却"从来不以他自己的好恶来批判别人"。如果一个以前曾经羞辱过他的人，或者是对他个人有不敬的人，却是某个位置的最佳人选，林肯还是会让他去担任那个职务，就像他会派任他朋友去做这件事一样……而且，他也从来没有因为某人是他的敌人，或者因为他不喜欢某个人，而解除那个人的职务。很多被林肯委任而居于高位的人，以前都曾批评或是羞辱过他——比方像麦克里兰、爱德华·史丹顿和蔡斯等。但林肯相信"没有人会因为他做了什么而被歌颂，或者因为他做了什么或没有做什么而被黜"，因为所有的人都受条件、情况、环境、教育、生活习惯和遗传的影响，使他们成为现在这个样子，将来也永远是这个样子。

一个人如果心胸狭小，总是从自私的角度去看问题，是无法得到他人的支持与拥护。想要有魅力的年轻人要力戒为人偏狭，主张宽容他人，因为只有这样，才能赢得人心。毫无疑问，宽容不仅是习惯，也是一种品德，是年轻人应该养成的有助于成功的习惯之一，是年轻人成大事所必备的德行之一。

中国人注重"德"，一个人有"德"才会服人。有才无德，这样的人也许可逞一时之势，却不能把握历史的方向，最终还是会被时间所摒弃。正是本着中华的这种"德"而行，多少中华名士，都是用他们身上的美德征服了世人，用他们宽容征服了世界。

人活一世不容易,何苦什么事都那么在意,忘掉那伤心的过去,做事尽心尽力就足矣,何必和自己过不去。人生总有一些不如意,或有失败的婚姻,或有落魄的事业,或有无奈的儿女,或有失落的情感;恩怨情仇悲欢离合,都只是烟云眼前过,是对是错人的数落,是成是败我还是我,想说的还得往下说,该做的就得接着做,苦辣酸甜各得其所,人生一世不容易,千万别白活。

魔力悄悄话

宽容的人能以德服人,一个人的品德往往就是一种宽容。能容让的人,决定了他在别人心目中的位置,而人们在选择自己所追随的目标时,也往往是以"德"字为标准的。正是这种胸怀,正是这样的品德,为我们赢得了良好的声誉。

五、要有主动"让道"的精神

主动"让道"是一种宽容，即是在人际交往中有较强的相容度。相容就是宽厚、容忍，心胸宽广，忍耐性强。人们常说这样一句话："大海是宽广的，比大海更宽广的是天空，比天空更广阔的是人的胸怀。"也有人把忍耐性比作弹簧，具有能伸能屈的韧性。有人说过这样一句话："谁若想在困厄时得到援助，就应在平时待人以宽容。"也就是说，相容接纳、团结更多的人，在平常的时候共奋斗，在困难的时候共患难，进而能增加成功的力量，创造更多成功的机会。反之，相容度低，则会使人疏远，减少合作力量，人为地增加阻力。

主动让道，要求年轻人首先要学会宽以待人。宽以待人，就要将心比心，推己及人。孔子早就告诫人们："己欲立而立人，己欲达而达人；己所不欲，勿施于人。"意思是自己不愿做、不能接受的事情一定不能推给他人，而要将心比心。在人际交往中，记住"己所不欲，勿施于人"的教诲是大有裨益的，它可以避免提出人们难以接受的要求，避免由此而来的难堪局面，建立和维持良好的人际关系。推己及人，也就是以自己为标尺，衡量自己的举止能否为他人所接受，其依据是人同此心，心同此理。将心比心，还可以采用角色互换的方法，假设自己站在对方的位置上，就能够设身处地地体会到对方的感受，从而达到谅解别人的目的。

要成大事的年轻人还要明白，要宽以待人，要有主动"让道"精神。在与他人交往中常常会因为对信息的意义理解不一，个性、脾气、爱好、要求不同，价值观念的差异产生矛盾或冲突，此时我们应记住乔西·布鲁泽恩的话："航行中有一条规律可循，操纵灵敏的船应该给不太灵敏的船让道。"所以我们在遇到分歧或是争执时，一定要注意他人的建议是否有合理性，绝不能一棍子打死。主动"让道"，而不应争先"抢道"。"礼让三分"能确保"安全"，于己于人都有利。

人往往能够将别人的缺点看得一清二楚，但这并不意味着可以因此严厉地指责别人。在与人相处时，还是要懂得体贴他人，在不伤害人的前提下，适当地帮助别人。如果以严厉的态度对待别人，容易遭致他人的怨恨，反而无法达到目的。避免遭受困扰的关键就在于你能否以宽容的态度对待他人。

主动让道的宽容，还包括对爱情观点的处理，我们不应用苛刻的标准去要求别人，要尊重人家的自由权利。爱情之所以可以成为催人上进的力量，不是由于严厉，而是由于宽容。爱情使人原谅了爱人的种种缺点、毛病，恰恰能使爱人"旧貌换新颜"。因此，做一个肯理解、容纳他人的优点和缺点的人，才会受到他人的欢迎。而对人吹毛求疵，又批评又说教没完没了的人，是不会有自己亲密的朋友，人家对他只有敬而远之。

有这样一件事：一个年轻人抱怨妻子近来变得忧郁、沮丧，常为一些鸡毛蒜皮的小事对他嚷嚷，甚至会对孩子无缘无故地发脾气，这都是以前不曾发生的现象。他无可奈何，开始找借口躲在办公室，不愿回家。一位经验丰富的长者问他最近是否争吵过，年轻人回答说，为了装饰房间发生过争吵。他说："我爱好艺术，远比妻子更懂得色彩，他们为了每个房间的颜色大吵了一场，特别是卧室的颜色。我想漆这种颜色，她却想漆另一种颜色，我不肯让步，因为我对颜色的判断能力比她要强得多。"长者问："如果她把你办公室重新布置一遍，并且说原来的布置不好，你会怎么想呢？""我绝不能容忍这样的事。"年轻人答道。于是长者解释："你的办公室是你的权力范围，而家庭及家里的东西则是你妻子的权力范围。如果按照你的想法去布置'她的'厨房，那她就会有你刚才的感觉，好像受到侵犯似的。当然，在住房布置问题上，最好双方能意见一致，但是要记住，在做决定时也要尊重你妻子的意见。"年轻人恍然大悟，回家对妻子说："你喜欢怎么布置房间就怎么布置吧，这是你的权利，随你的便吧！"妻子大为吃惊，几乎不相信。年轻人解释说是一个长者开导了他，他百分之百地错了。妻子非常感动，后来两人言归于好。夫妻生活和其他许多人际关系一样，会有这样那样不尽如人意的地方，针锋相对永远也不是解决的好方法，主动让道则能使双方更多感受到宽容的力量，只有以宽容态度面对问题，才可能很好地解决。

古人云："地之秽者多生物，水至清者则无鱼。故君子当存含垢纳污之量。"人不能太清高了，因为世界本来就很复杂，什么样的人物都有，什么样的思想都有,如果你事事与人斤斤计较,只会自己堵住自己的路。一个人必须具有容纳污秽与耻辱的能力,再加上包容一切善恶贤愚的态度,才能有成功的人际关系。因此,古往今来成大事的人,无不具有宽容的品质。

魔力悄悄话

　　在人生旅途中,能够主动让道,宽容一些,那么将会省却很多的麻烦,也会减少我们的烦恼,宽容忍让的习惯与作风,不仅给你增加了魅力,也给你带来意想不到的收获。真诚待人,宽以待人,就能尽可能地赢得别人的好感、依赖和尊敬,就能较好地与周围的人和睦相处,就能在人生旅途中顺利地前行。

六、如何做到宽容

在这个世界上,任何人都不能踽踽单行。

漫长的人生之旅,难免有碰撞,所以即使心地最和善的人也难免要伤别人的心。朋友背叛了我们,父母辱骂了我们,或爱人离开了我们等等,都会伤害我们的心灵。

对错事本身感到愤怒,而不是对做错事的人感到愤怒。要做到这一点,首先应该重新估价这个人,他的优点,他的缺点,以及他做错事时所处的环境。

凯西,是一个16岁的头脑爱发热的少女,她小时候就被她的生身父母遗弃了,对此她十分愤恨。

她不明白为什么她就不值得她的母亲自己来抚养。后来她才发现她的生身父母很穷,并且生她时还未结婚。

后来,凯西的一位朋友怀孕了,在担惊受怕的情况下,把她的婴儿送给了别人抚养。

凯西分担了她朋友的忧虑,并且意识到在这种环境下这样做是最好的办法。

这使她逐渐认识到她自己的母亲那样做也是对的——她自己没有能力抚养孩子,她把自己的孩子给别人抚养,是因为她太爱孩子了。凯西对自己母亲的新看法促使她的怨恨逐渐降低,并最终谅解了生身母亲。从此她更看重自己的富有生命力的、有价值的人生了。

一个人虽然工作出色,口齿伶俐,但不等于一好百好。"寸有所长,尺有所短",任何人都有自己的强项和弱点,即使在他的长处方面,也总有比他强的人。

他与人争辩、吵架经常赢,偶然输一次,也是很正常的,千万不要以这次偶然的失败为契机,导致心理失衡,情绪一落千丈,出现明显的担心、害怕、惶惶不安等不良情绪。

在充满竞争的社会生活中，要认识到"人无完人"，既要求自己不断进步，又允许自己偶尔失败，才能保持心理上的平衡。

与人发生争论、冲突时，只要占到了理，就应主动给人台阶下，给别人留点面子，这样你不仅在道理上战胜了别人，更会在情感上战胜别人，赢得别人的信任和尊重。

不要把别人驳得说不出话来，不要与周围的人产生对立，要主动帮助他人，这样朋友就会越来越多，在遇到困难和挫折时，别人就会主动帮助你。

我们常听人说："我恨死××。"这种憎恨心理对人的不良情绪起了不可低估的作用。

在憎恨别人时，心里总是愤愤不平，希望别人遇到不幸、惩罚，却又往往不能如愿，处于一种失望、莫名烦躁之中，使人失去了往日那轻松的心境和欢快的情绪，扰得人心神不宁。

在憎恨别人时，由于疏远别人，只看到别人的短处，言语上贬低别人，行动上敌视别人，结果使人际关系越来越僵，以致树敌为仇。而且，今天记恨这个，明天记恨那个，结果朋友越来越少，对立面越来越多，严重影响人际关系和社会交往，成为"孤家寡人"。

这样一来，不仅负面性生活事件的来源广泛，而且承受能力也越来越差，社会支持则不断减少，以致在情绪一落千丈之后便一蹶不振。

可见，憎恨别人就如同在自己的心灵深处种下了一颗苦种，不断伤害着自己的身心健康，而不是如己所愿地伤害被己所憎恨的人。所以在别人伤害了自己，心里憎恨别人时，不妨设身处地地考虑一下，假如你自己处在这种情况下，是否也会如此？

当你熟悉的人伤害了你时，想想他往日在工作或生活中对你的帮助和关怀以及他对你的一切好处。

这样，心中的火气、怨气就会大减，就能以宽容的态度谅解别人的过错或消除相互之间的误会，化解矛盾，和好如初，从而使自己始终在良好的人际关系中心情舒畅地学习与工作。这样，宽容的是别人，受益的却是自己。

在很大程度上，人生是我们自己写的。开朗快乐的人拥有快乐幸福的人生，而抑郁忧愁的人则拥有抑郁忧愁的人生。

我们常常发现，我们的性情往往能折射出我们周围的现实。如果我们自己是爱发牢骚的人,我们通常也会觉得别人也爱发牢骚;如果我们不能原谅和宽容别人,别人也会以同样的态度对待我们。

眉间放一"宽"字,不但自己轻松自在,别人也舒服自在。

魔力悄悄话

年轻人若在生活中学会了宽容,你的人生将拥有更多的朋友而不是敌人。宽容并不是纵容,不是免除别人应该承担的责任。宽容所体现出来的退让是有目的、有原则的,其主动权应该掌握在自己手中,否则,他人会一而再再而三地犯错,显示出你的软弱。

七、容忍他人如同容忍自己

俗话说，人无完人。每个人都难免在工作和生活中偶有过失。这时，作为朋友的你有义务予以指正，并要求其改正。但如何才能更易被别人接受呢？有一点必须注意，对朋友的过失直言申斥一般是不会有什么好效果的。如果这样，对方为了保全他的"面子"，很可能会与你当面对抗，至少会使对方口服心不服。有效的办法还是委婉地指出其过失，让对方在自责中加以改正。

一个不肯原谅别人的人，往往是不给自己留有余地的人。因为每个人都有需要别人原谅的时候，但理解这一点却很难。

《圣经》里有这样一个故事。当耶稣到橄榄山时，有位法利赛的学者将自己奸淫过的女人带到耶稣面前，询问耶稣要如何处罚这个女人。因为依当时的法令来说，被奸淫的女人要被判投石之罪。此时耶稣微倾上半身，用手指在地上写了些字，然后对那些渐渐逼向他的群众说："在你们当中，若有人认为自己没有罪，就先向她丢石头吧！"耶稣说完此话就从容地站起来了。

然而，围观的群众却一个个离开。耶稣的这句话使他们扪心自问后，无人敢说他们自己是无罪的！

试想，若是今日我们遇到同样情况会如何呢？那个女人固然罪孽深重，但能够勇于承认自己无罪而向她投石的人又在哪里呢？

很奇怪，我们看自己的过错，往往不如看别人的那样严重。大概是因为我们对自己犯错误的背景了解得很清楚，对于自己的过错也就比较容易原谅，而对于别人的过错当然不能原谅，所以我们常把注意力集中在人家的过错上。即使有时不得不正视自己的过错，但总觉得那是可以宽恕的，这就是因为无论我们自己是好是坏，我们都必须容忍自己的缘故。

可是轮到我们评判他人就不同了。我们常常用另外一副眼光去看待别人的过错，往往使旁人体无完肤，一点也不留情面。且举一个小小的假设：如果我们发现了旁人说谎，我们的谴责会是何等严酷，可是哪一个人能说他自己从没说过一次谎？也许还不止一百次呢！

有些时候给他人留下台阶，这也是为自己留下一条后路。每个人的智慧、经验、价值观、生活背景都不相同，因此在与人相处时，相互间的冲突和争斗难免——不管是利益上的争斗还是非利益上的争斗。

大部分人一陷身于争斗的漩涡，便不由自主地焦躁起来，一方面为了面子，一方面为了利益，因此一旦自己得了"理"便不饶人，非逼得对方鸣金收兵或竖白旗投降不可。然而"得理不饶人"虽然让你吹着胜利的号角，但这也是下次争斗的前奏，因为这对"战败"的一方而言也是一种面子和利益之争，他当然要伺机"讨要"回来。

魔力悄悄话

人性混合着伟大与渺小，善与恶，崇高与卑微，我们彼此都差不多。明白了这些，就会使我们容忍他人，如同容忍自己。给别人台阶下，为他留点面子和立足之地，对一般的人来讲，这可能不太容易做到，但如果能做到，对自己则好处多多。

第八章

谦逊，给魅力加分

　　谦逊是人恪守的是一种平衡关系，使周围的人在对自己的认同上达到一种心理上的平衡，让别人不感到卑下和失落。非但如此，有时还能让别人感到高贵，感到比其他人强，即产生任何人都希望能获得的所谓优越感。

　　所以，谦逊的人不但不会受到别人的排斥，同时也易得到社会和群体的吸纳和认同。

一、谦逊是甜美的根

古希腊哲学家苏格拉底曾说：谦逊是藏于土中甜美的根，所有崇高的美德由此发芽滋长。日本著名的企业家松下幸之助在谈人生时用了盲人走路的比喻，他说："盲人的眼睛虽然看不见，却很少受伤。反倒是眼睛好的人动不动就跌跤或撞倒东西，这都是自恃眼睛看得见，而疏忽大意所致。盲人走路非常小心，一步步摸索着前进，脚步稳重，精神贯注，像这么稳重的走路方式，明眼人是常常做不到的。人的一生中，若不希望莫名其妙地受伤或挫败，那么，盲人走路的方式，就颇值得引为借鉴。前途莫测，大家最好还是不要太莽撞才好。"

诸葛亮一生谨慎，他敢于唱空城计，则是"有事则不怯"的典型，是"无事而深忧"的硕果。谨慎，是三思而行，是深思熟虑，正所谓"如临深渊，如履薄冰"。既然人生难测，前途未卜，有深渊，有薄冰，那就应该慎重选择自己的脚步，只有成功地到达了目的地的人，他所采用的方式才可以算是正确的。谨慎绝不是胆小，也绝不是缺乏自信。好胜心强者，尤其要记住"螳螂捕蝉，黄雀在后"的教训，所谓"逐兽而不见泰山在前，弹雀而小知深渊在后"，关羽逐樊城而失荆州，正是这句话的形象写照。《红楼梦》中的荣国府，在元妃省亲时是何等的排场。大观园的锦绣繁华，无所不至其极，其烈火烹油之势，赫然权势冲天，可是正应了元妃的话。有权有势不可使尽，金山银山也有挥霍尽净的一天。荣国府最终因不懂谦和韬晦，娇纵太过，结衅被人参本，举府查抄，家道一落千丈。荣国府的缩影凤姐，亦由此而误了卿卿性命。历史上有过多少这样的覆辙啊！谦逊者多益，骄矜者易损，确实是古往今来人类的经验之谈！

懂得谦逊就是懂得人生无止境，事业无止境，知识无止境。知之为知之，不知为不知，知不知者，可谓知矣。海不辞水，故能成其大；山不辞石，故能成其高。有谦乃有容，有容方成其广。人生本来就是克服了一个又一个障碍前进的，攀登事业的高峰就像跳高，如果没有一个刹那间的下蹲积聚力量,怎么能纵身上跃？人生又像一局胜负无常的棋,我们无法奢望自己永远立于不败之地。况且,"鹤立鸡群,可谓超然无侣矣,然进而观于大海之鹏,则渺然自小;又进而求之九霄之凤,则巍乎莫及"。只有建立在谦逊谨慎、永不自满的基础之上的人生追求才是健康的、有益的,才是对自己、对社会负责任的,也一定是会有所作为、有所成功的!

晋襄公有位孙子,名叫惠伯谈,晋周是惠伯谈的儿子。

这位晋周王生不逢时,遇晋献公宠信骊姬,晋国公子多遭残害,晋周虽然没有争立太子的条件,更无继位的希望,也同样不能幸免。

为保全性命,晋周来到周朝,跟着单襄公学习。

晋是当时的大国,晋周以晋公子身份来到周朝。但晋周自小受父亲教育,养成良好的品性,他的行为举止完全不像一个贵公子。以往晋国的公子在周朝,名声都不好听,晋周却受到对人要求严厉的单襄公的称誉。

单襄公是周朝有名的大臣,学问渊博,待人宽厚而又严厉,是周天子和各国诸侯王公都很尊敬的人,晋周很高兴能跟着他,希望能跟着单襄公好好学习,以成长为有用的人才。

单襄公出外与天子王公相会,晋周总是随从在后。单襄公与王公大臣议论朝政,晋周从来都是规规矩矩地站在单襄公身后,有时,一站几个小时,晋周都从未有一丝不高兴的神色。王公大臣都夸奖晋周站有站相,立有立相,是一个少见的恭谦君子。

晋周在单襄公空闲时,经常向单襄公请教。交谈中,晋周所讲的都是仁义忠信智勇的内容,而且讲得很有分寸,处处表现出谦逊的精神。

人虽然在周朝,晋周仍十分关心晋国的情况,一听到不好的消息,他就为晋国担心流泪;一听到好消息,他就非常高兴。一些人不理解,对晋周说:"晋国都容不下你了,你为什么还这样关心晋国呢?"晋周回答:"晋国是我的祖国,虽然有人容不下我,但不是祖国对不起我。我是晋国的公子,晋国就像是我的母亲,我怎么能不关心呢?"

在周朝数年,晋周言谈举止的每一个细节,都谦逊有礼,从未有不合礼数的举动发生。周朝的大臣都很夸奖他。单襄公临终时,对他儿子说:"要好好对待晋周,晋周举止谦逊有礼,今后一定会做晋国国君的。"

后来,晋国国君死后,大家都想到远在周朝的晋周,就欢迎他回来做了国君,成为历史上的晋悼公。

晋周本是一个毫无条件争当太子的王子,仅以谦逊的美德征服了国内外几乎所有有权势的人，最终却被推上了王位，可见谦逊的力量有多么巨大。老子说，"上善若水，水善利万物而不争"，"夫唯不争，故天下莫能与之争"，的确不是虚言。

许多人对于谦逊这项重要的特质，感到不以为然。事实上，谦逊是一项积极有力的特质，若加以妥善运用，可使人类在精神上、文化上或物质上不断地提升与进步。

不论你的目标为何，如果你想要追求成功，谦逊都是必要的条件。在到达成功的顶峰之后，你才会发现谦逊有多么重要。只有谦逊的人才能得到智慧。聪明的人最大的特征是能够坦然地说："我错了。"

魔力悄悄话

谦逊是人性中的精髓，因为谦逊，圣雄甘地使印度独立自由，施韦策为非洲人创造了更美好的世界。只有建立在谦逊谨慎、永不自满的基础之上的人生追求才是健康的、有益的，才是对自己、对社会负责任的，也一定是会有所作为、有所成功的！

二、满招损，谦受益

尚未达到成功的人并没有什么值得特别骄傲的，因此，更应该而且必须保持谦逊。已经取得成功的人，也不该自高自大、自鸣得意和自以为是，而应该继续保持谦逊的作风，因为知识是无穷的，没有任何一种力量能够永远战胜未来。而未来才是不骄不躁的裁判，一切自以为是的骄傲情绪都会在这里被无情地判罚出局。

大发明家爱迪生有过一千多项改变人们生产和生活方式的发明，被誉为"发明大王"和"一代英雄"。但在他的晚年，由于越来越严重的骄傲情绪，使得恰恰是在他最志得意满的领域里，犯了形而上学的大错误。他固执地坚决反对交流输电，一味坚持直流输电，结果导致惨败。原来以他的名字命名的公司不得不改为"通用电器公司"，而实行交流输电的西屋电器公司至今仍保留着。这真是"英雄迟暮，骄则自误"。

有些错误是在无知中产生的，还有些错误是由骄傲引发的，被胜利冲昏了头脑，评判事物的标尺就会失衡。所以，即便是取得了一定成就的人，也不应该自以为是和沾沾自喜。

不论是属于意外的幸运，还是经过长期苦斗终于取得了成功，心中充满巨大的快乐，以至一时间欣喜若狂都是可以理解的。因为，人生中还有什么比成功更值得高兴的事情呢。但是如果一个人仅仅因一次成功，从此就一直这么欣喜若狂着，人人都会说他是个疯子。从此一直就这么得意扬扬，到处显耀自夸，总是表现出一种优胜者的得意忘形和骄傲自满，人们虽然不至于说他是疯子，大概也绝不会敬佩他，而只会鄙视他。

如果自鸣得意者只是怀有一种优胜者良好的自我感觉，而且能以此感觉而不停顿地勇敢向前进击，这当然是一种美好的心理状态，在这种心理状态下他可以不断地取得新的成功。但是一般来说，不谦逊的人就很难把自己的感觉控制在这个境界里了。恰恰相反，他只是自以为已经了不起，而不知道天外有天，人外有人。

　　不谦逊的人大多不能正确地看待自己，并且最容易走进自己重复自己的怪圈。因为他被自己头上的那层光环迷住了双眼，有些眼花缭乱，有些飘飘然，头重脚轻，摇摇晃晃，如同醉汉。伴随着岁月无声的流逝，自以为已经走了很远的路，有一天当他突然醒来一看，才知道自己还停留在当初的出发点上。也许直到那时候，他才会发现，同龄人和周围的世界已经变得面目全非。山上已是旌旗烂漫，他却仍然躺在山下的池塘边，顾影自怜。也许直到那时候，他才会爬起来，扔掉头上的光环，走出怪圈，不再重复自己。

　　当人们骄狂自得的时候，可以摸一摸自己的头顶上，是哪一层光环迷住了自己的心眼。及早把它扔掉，就会轻松许多。

　　几千年前的古人就告诫过我们："天行健。君子以自强不息。"

　　我们所感觉、所认识到的那无边无际的宇宙天体，它也是在永恒地流转不息，旋转前进。我们与万事万物一道，都存在于这个流转不息的天地之间。大凡有志之士，要修成德行、学问、事业、功名，也应效法天道，永无止息地努力、前进、创造。

　　面对不知有几十几百亿光年广大的宇宙，面对不知存在过几十几百亿年岁月的宇宙，我们人类算得了什么？面对存在了几百万年岁月的人类，面对全世界60多亿的人类同胞，面对可以在海底修隧道，可以上月球，可以把卫星定点在固定轨道，可以探测到距银河系20亿光年的超亮星系的人类同胞，一个人的全部能量、全部所得、全部所成以及这一切的一切，又算得了什么？

　　自以为了不起而自鸣得意，问题就出在自己对自己错误的认识上。我们本该不断地拥抱新的自我——一个比一个更美丽动人的自我，可是我们如果自鸣得意，那就会总是舍不得放下那位面目已朽，风韵已衰的自我。

　　我们生活在时间的长河中，既不可能让时间凝固，更不可能让时间倒转。过去的一切都已经过去，无论多么辉煌都已经过去，对我们的生命实际上不可能构成新的意义。现在是一个不断成为过去，不断迎接未来的时刻。所以，不断地对我们的生命构成新的意义的唯有未来。未来一切的可能性都存在于我们的生命运动之中，只有面向未来的生命才可能重放光彩。

　　只有面向未来才能实现对自我的超越。那位学识渊博的浮士德所大声宣称的"我永远不能满足自己"，就是一句不断否定自我，不断超越自我的誓言。海德格尔的超越理论对我们也有一定的启迪价值。他在竭力张扬"亲在"，即"人生在世"，"在世界之中"的前提下，对自我的必然被超越、自我如何被超越做出了深刻的思辨。他概括了超越的三条途径——实际上是超越的三个方面，即超越世界、超越他人、超越现实。

如果我们能够把自我放在这样一个不断被反问、不断被超越的境地，我们就会迎来"一个比一个更美丽动人的自我"，使我们的生命总是呈现为一种全新的状态。这样，一切自鸣得意、骄傲自满的情绪就会烟消云散，最后就会在谦逊中找到自己的坐标。

另外，保持谦逊的品德对于人际交往也尤其重要。一个背着自负自傲沉重包袱的人，他的友谊财富必然少得可怜。这里，谦逊需以坦诚为基础，否则就难免陷入虚伪的泥潭。比如在讨论问题时，明明自己有不同意见，为表谦逊而不明白说出，或者吞吞吐吐，言而不尽；对方批评自己时，当面唯唯称是，背后却又发牢骚等做法。再者，还应划清两个界限。一个是谦逊与虚荣的界限。如果一个人故作谦逊姿态，以求得到"谦逊"的美誉，那其实是虚荣的一种常见表现。这种虚荣心一旦被对方察觉，还哪里会有愉快的交往可言？再一个是谦逊与谄媚的界限。有些人在交际时总爱对他人说一些言不由衷的溢美夸饰之词，以为只有这样才显得自己彬彬有礼，谦恭而有教养。殊不知，过分溢美，几近谄媚。虽说谄媚也可造成协调，但这种协调是借奴性的、无耻的罪过或欺骗所造成。（斯宾诺莎语）

魔力悄悄话

古人有"满招损、谦受益"的箴言，忠告世人要虚怀若谷，对人对事的态度不要骄狂，否则就会使自己处在四面楚歌之中，被世人讥诮和瞧不起。我们太应该认清自我，以便不使自己混同于他人，从而实现自我，不要抄袭别人，更应该不断地超越自我，不要使今天的自我混同或抄袭昨天的自我。

三、骄傲自大的悲剧

人生在世会遇到各种各样的险境，骄傲自大可能是最可怕的一种。处境卑微自然不幸，但却没有太大的危险，趴在地上的人是不会被摔死的。

其实，只要脚下的某块石头一松动，就有坠入深渊的危险，而那些不可一世的英雄却全然不觉，兀自陶醉于"一览众山小"的壮景豪情中。殊不知正是这种时候，脚下的石头是最容易松动的。

古往今来，一个"傲"字毁了多少盖世英雄！

三国时候，祢衡很有文才，在社会上很有名气，但是，他恃才傲物，除自己，任何人都不放在眼里。容不得别人，别人自然也容不得他。所以，他"以傲杀身"，被杀于黄祖。

祢衡所处的时代，各类人才是很多的，但他目中无人，经常说除了孔融和杨修，"余子碌碌，莫足数也"。即使是对孔融和杨修，他也并不很尊重他们。祢衡20岁的时候，孔融已经40岁了，他却常常称他们为"大儿孔文举，小儿杨德祖"。

经过孔融的推荐，曹操见了祢衡。见礼之后，曹操并没有立即让祢衡坐下。祢衡仰天长叹："天地这样大，怎么就没有一个人！"

曹操说："我手下有几十个人，都是当今的英雄，怎么说没人？"

祢衡说："请讲。"

曹操说："荀彧、荀攸、郭嘉、程昱机深智远，就是汉高祖时候的萧何、陈平也比不了；张辽、许褚、李典、乐进勇猛无比，就是古代猛将岑彭、马武也赶不上；还有从事吕虔、满宠，先锋于禁、徐晃，又有夏侯惇这样的奇才，曹子孝这样的人间福将，怎么说没人？"

祢衡笑着说："您错了！这些人我都认识，荀彧可以让他去吊丧问疾，荀攸可以让他去看守坟墓，程昱可以让他去关门闭户，郭嘉可以让他读词念赋，张辽可以让他击鼓鸣金，许褚可以让他牧羊放马，乐进可以让他朗读诏书，李典可以让他传送书信，吕虔可以让他磨刀铸剑，满宠可以让他喝酒吃糟。于禁可以让他背土垒墙,徐晃可以让他屠猪杀狗,夏侯惇可称为'完体将军',曹子孝可叫作'要钱太守'。其余的都是衣架、饭囊、酒桶、肉袋罢了!"

曹操很生气,说:"你有什么能耐,敢如此口出狂言?"

祢衡说:"天文地理,无所不通,三教九流,无所不晓;上可以让皇帝成为尧、舜,下可以跟孔子、颜回比美。怎能与凡夫俗子相提并论!"

这时,张辽在旁边,拔出剑要杀祢衡,曹操阻止了张辽,悄声对他说:"这人名气很大,远近闻名。要是杀了他,天下人必定说我容不得人。他自以为了不起,所以我要他任教吏,以便侮辱他。"

一天,祢衡去面见曹操,曹操特意告诉看门人:"只要祢衡到了,就立刻让他进来。"祢衡衣衫不整,还拿了一根大手杖,坐在营门外,破口大骂,使曹操侮辱祢衡的目的没能达到。

有人又对曹操说:"祢衡这小子实在太狂了,把他押起来吧!"

曹操当然很生气,但考虑后还是忍住了,说:"我要杀他还不容易?不过,他在外总算有一点名气。我把他送给刘表,看看结果又会怎么样吧。"就这样,曹操没有动祢衡一根毫毛,让人把他送到刘表那儿去了。

到了荆州,刘表对祢衡不但很客气,而且"文章言议,非衡不定"。但是,祢衡骄傲之习不改,多次奚落、怠慢刘表。刘表又出于和曹操一样的动机,把他送给了江夏太守黄祖。

到了江夏,黄祖也能"礼贤下士",待祢衡很好。祢衡常常帮助黄祖起草文稿。有一次,黄祖曾经握住他的手说:"大名士,大手笔!你真能体察我的心意,把我心里要想说的话全写出来啦!"

但是,后来在一条船上,祢衡又当众辱骂黄祖,说黄祖"就像庙宇里的神灵,尽管受大家的祭祀,可是一点儿也不灵验"。黄祖下不了台,恼怒之下,把祢衡杀了。祢衡死时才 26 岁。

曹操知道后说:"迂腐的儒士只会摇唇鼓舌,自己招来杀身之祸。"

祢衡短短一生未经军国大事,是块什么样的材料很难断定。然而狂傲至此,即使他有孔明之才,也必招杀身之祸。

关羽大意失荆州,同样是历史上以傲致败最经典的一个故事。

三国时期,吴将吕蒙来见孙权,建议乘关羽和曹操合围樊城的时候,偷袭荆州。这建议正合孙权之意,立刻委以重任。

可是,吕蒙发现镇守荆州的蜀将关羽警惕性很高,荆州军马整齐,沿江又有烽火台警戒，互透军情，很难正面攻破。正在苦思偷袭之计，陆逊来访，教给吕蒙一条诈病之计。

陆逊说："关羽自恃是英雄，无人可敌。唯一惧怕的就是将军你了。将军乘此机会可假装有病，解去军职，把陆口的军事任务让给别人，又使接你职务的人大赞关羽英武，使关羽骄傲轻敌。这样，关羽就会把防这荆州的兵调去攻打樊城。假如荆州没有防备，将军只需用小股军队突袭荆州，便可以重新掌握荆州了。

吕蒙大喜，说："真好计也！"

后来，吕蒙果然请了病假，回到建业休息，并推荐陆逊代他守陆口。关羽得到消息知道吕蒙病重，已调离陆口，新来的陆逊又名不见经传，遂有轻敌之心。他还收到了陆逊送来的礼物，附上一封措辞卑谨的信函。信中说："将军（关羽）在樊城一役中，把曹将于禁俘虏过来，水淹七军，远近赞叹，都说将军的功劳足以流芳百世。就算是晋文公大胜楚军的英勇，韩信打败赵兵的谋略，也不及您老人家……这次曹操失败了，我们听到也很高兴。但是，曹操很狡猾，不会甘心失败，恐怕会增调援兵，以求一逞野心。虽说曹军师老，还是很强悍的。况且战胜之后，一般都会出现轻敌的观念。所以古人用兵，胜利之后就应更加警觉。希望将军您多方面考虑计划，以获全胜。我只是一介书生，没有能力担任现职，幸好有您老人家这样强大的邻居，愿意把想到的贡献给将军做参考，希望将军能多加指教！"

关羽看了这信，仰面大笑，命左右收了礼物，打发使者回去。他觉得这个年轻书生人不错，用不着防范，于是，他下令把原来防备东吴的军队陆续调往樊城前线。

就在这时，曹操听司马懿之计派使来到吴国，要孙权夹击关羽。孙权早已决定要袭取荆州，所以马上复信，表示同意。这样，原来的孙、刘联盟抗曹，一下子变成了曹、孙联盟破刘，形势急转直下。孙权拜吕蒙为大都督，统领江东各路兵马，袭击关羽的后方。

吕蒙到了浔阳，命士兵们穿了白色的衣服扮作商人，借故潜入烽火台，攻取了荆州。

事情到了这个地步，关羽才知道自己对东吴的防备太大意。为了重振军威，他带着日益减少的人马准备南下收复江陵。但是，在吕蒙、陆逊的分化瓦解下，他只能步步败退，最后只有困守麦城。在小城既得不到西川的消息，又盼不来援兵，他只好带一部分士兵偷偷地从城北小路逃往西川。但他哪里知道，吕蒙早已派兵埋伏在那里了，一阵鼓响，伏兵四出，关羽被生擒活捉。同年 12 月，关羽被斩首，荆州各郡县皆归东吴。

关羽之死，可谓千古悲歌。其一生忠义，几近完人。只为一个"傲"字，失地断头。虽然令人感叹，更为后人敲响了警钟。英雄如关羽，尚且骄傲自大不得，年轻人哪里还有骄傲的理由。

魔力悄悄话

最可怕的情境是身处险峰而高视阔步，只谓天风爽，不见峡谷深。这正是人们骄傲时的典型情境。其实，只要脚下的某块石头一松动，就有坠入深渊的危险，而那些不可一世的英雄却全然不觉，兀自陶醉于"一览众山小"的壮景豪情中。

四、骄傲的原因是无知

所有骄傲的人都认为，自己有学识，有能力，或有功劳；而谦逊的人却总是说：我还差得很远。骄傲者真的有其骄傲的资本，而谦逊者真的差得很远吗？这是一个耐人寻味的问题。

这里有古希腊大哲学家苏格拉底的一则小故事，可以充分地说明这个问题。

苏格拉底是古希腊哲学家中最受人尊敬的一位。他不仅学识渊博，而且非常善于辨析，当时能够提出的任何问题，只要到了他的手里，没有不迎刃而解的。但是他非常谦逊，从来不以权威自居，循循善诱，让对方自己得出正确的结论。戴尔·卡耐基与人交谈时也总是曾经谈到苏格拉底的一个"小秘密"，即在辩论一开始，就不断地说"是的，是的"，然后用"但是"和提问引导对方，这样就使对立的辩论变成了沟通式的交谈，让对方心悦诚服于自己的观点。

由于博学而谦逊，苏格拉底被世人公认为最聪明的人。但是苏格拉底却一点也不这样认为。他说："不可能！我唯一知道的事情是，我一无所知。"

众人仍异口同声地称赞他是天下最聪明的人，并建议他到山上的神庙去占卜，看看天神的意见如何。于是苏格拉底来到神庙去占卜，占卜的结果明白无误：他确实是天下最聪明的人。面对神谕，苏格拉底无话可说了，但是口里仍然喃喃自语："我唯一知道的事情就是我一无所知。"

然而世上总有一些人自以为有所知，甚至以为"老子天下第一"。这样的人，哪有不跌跟头的。

楚汉相争时，项羽勇将龙且奉命率领大军，日夜兼程向东进入齐地，救援齐王田广。

韩信正要向高密进军，听说龙且兵到，召见曹、灌二将，嘱咐他们："龙且是项羽手下有名的猛将，只可智取，不可跟他硬拼，我只能用计擒住他。"于是,命令部队后撤三里,选择险要的高地安营扎寨,按兵不动。

楚将龙且,以为韩信怯战,想渡河发起攻击。属下官吏向他建议:"齐王田广数万部队已经吃了败仗,又都是本地人,顾虑家室,容易逃散;他们溃逃,我们也支持不住。韩信来势很凶,恐怕挡不住。最好是按兵不动,暂不与他正面交锋。汉兵千里而来,无粮可食,无城可守,拖他们一两个月,就可不攻自破了。"

龙且性高气傲,目空一切,他连连摇头道:"韩信不过是一个市井小儿,有什么本领? 听说他少年时要过饭,钻过人家的裤裆。这种无用之人,怕他什么!"

副将周兰上前进谏道:"将军不可轻视韩信。那韩信辅佐汉王平定三秦,平赵降燕,今又破齐,足智多谋,还望将军三思而行。"

龙且把手一摆,笑着说:"韩信遇到的对手,统统不堪一击,所以侥幸成功。现在他碰上我,他才晓得刀是铁打的,我管教他脑袋搬家!"

当下龙且派人渡水投递战书。

为准备决战,韩信命军士火速赶制一万多条布口袋,当夜候用。黄昏时分,韩信召部将傅宽,授予密计:"你带兵各自带上布口袋,偷偷到潍水上游,就地取泥沙装进口袋里,选择河面浅窄的地方堆上沙口袋,阻挡流水。等明天交战时,楚军渡河,我军发出号炮,竖起红旗,即命兵士捞起沙口袋,放下流水,至要至要!"

韩信命众将当夜静养,明日见红旗竖起,立即全力出击。第二天,他又命曹参、灌婴两军留守西岸,自己率兵渡到东岸,大声挑战道:"龙且快来送死!"

龙且本是火暴性子,他跃马出营,怒气冲冲,举刀直奔韩信,韩信急忙退进阵中,众将出阵抵挡。韩信拍马就走,众将也忙退兵,向潍水奔回。

龙且哈哈大笑,说道:"我早说过韩信是个软蛋,不堪一击嘛!"说着,龙且领头追去,周兰等随后紧跟,追近潍水,那汉兵却渡过河西去了。

龙且正追赶得起劲,哪管水势深浅,也就跃马西渡。周兰看见河水忽然浅了,有些怀疑,急迫上去想劝住龙且。楚军两三千人刚刚渡到河中,猛然一声炮响,河水忽然上涨了好几尺,接着便汹涌澎湃,如同滚筒卷席一般。河里的楚兵站立不稳,被汹涌的大浪卷走,不久便是满河浮尸。

这时汉军阵中红旗竖起,曹参灌婴从两旁杀来。韩信率众将杀回来。不管龙且如何骁勇,周兰如何精细,也冲不出汉军的天罗地网。结果是龙且被斩，周兰被擒，两三千楚兵统统当了俘虏。

听龙且对韩信的评价，几乎完全不了解对方。所言种种，无非出身低微，忍胯下之辱一类的谗言。以此为据而战兵于韩信，岂有不败之理？

列夫·托尔斯泰也曾经有一个巧妙的比喻，用来说明骄傲的原因。他说：一个人对自己的评价像分母，他的实际才能像分数值，自我评价越高，实际能力就越低。

托尔斯泰的比喻，生动地说明了一个人的自我评价与其真才实学之间的关系。愿这个比喻能牢记在年轻人心中，并时时起到警钟的作用。

魔力悄悄话

骄傲者虽然往往有一定的学识，但他骄傲的真正原因绝不是学识，而是无知。同样，谦逊的真正原因也不是他差得很远，而是他的确不比别人差，谦逊与骄傲的原因全在于一个人的总体修养如何，而不在于是否多读了几本书，多做了几件事。

五、谦逊的两重性

有位名叫卡尔文·柯立芝的美国总统生平有两则脍炙人口的轶事,在这轶事中我们可以发现他别致的魅力。

柯立芝是以谦逊而闻名的。第一则轶事即是他的谦逊;第二则轶事所表现出的从表面上看,正好与他谦逊的美德相反,但仔细分析,其实质仍是出自谦逊。

柯立芝在阿姆斯特大学的最后一年,获得了一枚金质奖章,它是由美国历史学会奖给的最高荣誉。这在全美国来讲,也是件很荣耀的事情,可柯立芝并没有把这件事向任何人讲,甚至连自己父母都没相告。毕业后,聘用他的裁判官伏尔特,无意中从6周以前一份杂志的消息中发现了这一记载。这使他对柯立芝倍加赞赏与青睐,不久便给了他一个很重要的职位。

在柯立芝的全部事业中,从一名小小的职员一直上升为美国第30任总统,常以这种真诚谦逊的风貌出现在众人眼里。他的身价也由此而闻名。

还是在柯立芝从事麻省省议员连任竞选的时候,在进行投票的前一晚,他将一个小而黑的手提袋包装好,急步向雷桑波顿车站走去,因为他忽然听到省议会议长一席空缺的消息。两天以后,他从波士顿回来,而他那小而黑的手提袋里已装满了多数议员同意他为省议会议长候选人的签名。就这样,柯立芝开始正式踏上自己的政治生涯,就任麻省省议会议长职务。

在适当的时机、对着合适的人,这位历来谦逊的人,用最敏捷的方法脱颖而出。真是"不鸣则已,一鸣惊人;不飞则已,一飞冲天"。

可见,在平素以真诚谦逊待人,可以增添人格的魅力,博得大众的好感,为自己事业的腾飞奠定基础;一旦时机成熟或者机遇已到,就要充分利用谦逊所带来的身价,一蹴而就,达到目的。

另一个以谦逊闻名于世的人,便是美国南北战争时期南方联盟的战将杰克逊。

有人说"天赋的谦逊"是杰克逊显著的特性和优秀的品质。

还在西点军官学校时，他便以谦逊著称。有一名为"石城"的战役，本来是他指挥的，但他却一再坚持说，功劳应属于全体官兵，而不属于他自己。在墨西哥战斗中，总司令斯哥托对他的指挥能力予以了极高的评价，而杰克逊从未向任何人提起过这事。

不过，杰克逊并不是视功名如粪土，从墨西哥战争开始时他给他姐姐的一封信中便可以看出，他充满了树立声誉、博得大众注目的计划。因为那个时候他只不过是一个空有其名的副官。在他后来的事业进程中，这位勇敢、谦逊而聪明过人的人，巧妙地运用了他向上进取的每一计划，使斯哥托将军大为好感，在他的手下，杰克逊得到了不断的提拔。

对此，我们不难看出，杰克逊的谦逊的两重性与柯立芝何等相似！这些人所不愿声张的，只是那些一定会为人们所知道的事情。而当他的至关重要的功绩被人们忽略时，他们也会立即采取必要的行动来标识自己的——只不过这是一种实事求是的标识罢了。

所以，只有目光短浅、胸无大志的人才会时时标榜自己做了什么，有时为了标识自己，甚至在大众面前掩饰自己的过失。像杰克逊、柯立芝等伟大的人物可不是这样，他们都能超脱这种浅薄的虚荣。他们深知，人们所乐意接受和尊敬的是谦逊的人。

一个有功绩而又十分谦逊的人，他的魅力定会倍增。

魔力悄悄话

在这个现实的世界，好的道德与才能，如果没有人知道，并不就是很好的回报。这不仅是在欺骗自己，也是在欺骗别人，更是对自己功绩的诋毁。所以，过度的谦逊并不是一种可取的美德。俗话说"过分的谦虚等于骄傲"，就是这个道理。

第九章
乐观，魅力独有的特质

乐观豁达的人，他们的眼里总是闪烁着愉快的光芒，他们总显得欢快、达观、朝气蓬勃。他们的心里总是充满阳光。当然，他们也会有精神痛苦、心烦意躁的时候，但他们不同于别人的，就是他们总是无怨地接受这种痛苦，没有抱怨，没有忧伤，他们知道抱怨和诅咒都不如努力改变这种局面更有效，因此，他们更不会为此而浪费自己宝贵的精力，而是拾起生命道路上的花朵，奋勇前行。

有人把乐观的人比喻成一股永不枯竭的清泉，有人把乐观的人称为蔚蓝的天空。有人却说乐观的人如同一首永无止境的欢歌，它使人的灵魂得以宁静，精力得以恢复。

一、乐观是一种美德

一位父亲对即将远行的孩子说：孩子，你将要远行，将有一生的岁月等你去走。我送你一句话带在身边："乐观是一种美德。""要保持乐观，孩子。这是我们穷人唯一的奢侈，不要轻易丢掉快乐的习惯，否则我们将更加一无所有。"

"你要乐观，在每一个清晨或傍晚。你要学会倾听万物的语言，你要试着与你身边的河流、山川、大地交谈。在你经过的每一个山村，你都要留下你的笑声作为纪念，这样，当多年以后人们再谈起你时，他们都会记得当年有一个多么快乐的小伙子从这里经过。"

"快乐是一种美德，孩子，这是因为快乐能够传染。你要把你的快乐传染给你身边的每一个人，无论他是劳累的农夫还是生病的旅客，无论他是赤脚的孩子还是为米发愁的母亲，你都要把快乐传染给他们，让他们像鲜花一样绽开笑脸。""孩子，在你经过的每个村庄，人们都会像亲人一样待你，他们会给你甘甜的井水，给你的包裹里塞满干粮。那么，你就给他们快乐吧，记住，乐观是一种美德，它能让你在人们的心中活上好多年。"

魔力悄悄话

快乐是一种美德。你要把它们像情人的手帕一样带在身边。无论你带着多少行李，你都不要把它扔到路边的沟里。即使你的鞋子掉了，脚上磨出了血，你也要紧紧地攥着快乐，不让它离开一刻。

二、生活是一面镜子

作家萨克雷有句名言："生活是一面镜子，你对它笑，它就对你笑；你对他哭，它也对你哭。"下面介绍几条原则，青少年朋友在生活中要反复地认真试行，就有可能成为一个热爱生活，令周围人欢迎的人。

有时，人们变得焦躁不安是由于碰到自己所无法控制的局面。此时，你应承认现实，然后设法创造条件，使之向着有利的方向转化。此外，还可以把思路转向别的什么事上，诸如回忆一段令人愉快的往事。

如果某些烦恼的事已经发生，你就应正视它，并努力寻找解决的办法。如果这件事已经过去，那就抛弃它，不要把它留在记忆里。尤其是别人对你的不友好态度，千万不要念念不忘，更不要说"我总是被人曲解和欺负"。当然，有些不顺心的事，适当地向亲人或朋友吐露，也可以减轻烦恼造成的压力，这样心情可能会好受些。

有些想不开的人在烦恼袭来时，总觉得自己是天底下最不幸的人，谁都比自己强，其实，事情并不完全是这样。也许你在某方面是不幸的，在其他方面依然是很幸运的。如上帝把某人塑造成矮子，但却给他一个十分聪颖的大脑。请记住一句风趣的话："我在遇到没有双足的人之前，一直为自己没有鞋而感到不幸。"生活就是这样捉弄人，但又充满着幽默之味，想到这些，你也许会感到轻松和愉快。

魔力悄悄话

做事情总要按实际情况循序渐进，不要总想一口吃个胖子。有的人发财、出名似乎是一下子的事情，而实际上并不是这样。因此，你应在怀着远大抱负和理想的同时，随时树立短期目标，一步步地实现你的理想。

三、快速乐观四步走

美国有两位专门研究"乐观"的心理学家麦瑟和楚安尼，曾整理出几个乐观的入门技巧，方法不仅简单而且效果神速，保准让人立刻就变得乐观起来。

1. 快速乐观第一步：抬头挺胸深呼吸

楚安尼说，要矫正头脑之前，请先矫正身体。

为什么呢？

其实人的生理及心理是息息相关的。相信你也有过这样的体验，当心情低潮的时候，我们往往也是无精打采、垂头丧气；而心情高昂时，自然是抬头挺胸、昂首阔步了。所以，身体的姿势的确会与心理的状态密不可分。从另一个角度来看，当一个人抬头挺胸的时候，呼吸会比较顺畅，而深呼吸则是缓解压力的妙方。所以当抬头挺胸时，我们会觉得比较能够应付压力，当然也就容易产生"这没什么大不了"的乐观态度。

另外，与肌肉状态有关的信息，也会通过神经系统传回大脑去。当我们抬头挺胸的时候，大脑会收到这样的信息：四肢自在，呼吸顺畅，看来是处于很轻松的状态，心情应该是不错的。

在大脑做出心情愉悦的判决后，自己的心情于是乎就更轻松了。

因此，身体的姿势的确会影响心情的状态。要是垂头，就容易感到丧气；而如果挺胸，则容易觉得有生气。请千万别小看这个简单得令人不可置信的方法，下次头脑中悲观的念头再冒出时，赶快调整一下姿势，让抬头挺胸带出自己的乐观心境吧！

2.快速乐观第二步:使用愉快的声调说话

谈到人际沟通,有个道理极为重要:重点不在于我们说了什么,而是在于我们怎么说它。

"怎么说"的部分,包括了语调、脸部表情、肢体动作等等。

而常被人忽视的是,我们的声音其实是有表情的。同样的一句话,用不同的语调来说,传达出来的意思则可能完全不同。不信的话,请你来试试下面的练习。

张三很生气地说:"你真讨人厌!"(用你最穷凶极恶的表情及声调吼出来!)

李四很撒娇地说:"你真讨人厌!"(请使用你最惹人怜爱的语调,拉着尾音嗲出。)

如何? 感觉完全不同吧?!

然而,许多人却往往不知自己说话的语气,很容易会不经意地泄露出心情。

例如有人总是在接电话时,习惯性地大吼一声:"谁啊?"就这么发挥了"二字神功",让电话另一端的人还没开口,就已感觉到对方的火气。

而更离谱的是,如果一听是上司打来的,马上语调一软,开始鞠躬哈腰起来:"哎呀,老板,有什么吩咐吗?"心情也随之转变了。

知道了语调的神奇作用之后,接着想提醒你,如果想变得快乐开心一点,请先假装你就是个开心的人,用很愉快的声音开始说话。

先假装,假装久了就有可能变成真的了。一点也没错,试试看吧!

3.快速乐观第三步:用正面积极的字眼取代消极负面的说法

我们所说的话,其实对自己的态度及情绪影响也很大,不知道你是否曾注意过?

一般而言,在日常生活中所使用的字眼可以分成三类:正面的、负面的以及中性的字眼。

先来聊聊负面的字眼，例如："问题""失败""困难""麻烦""紧张"等等。

如果你常使用这些负面字眼，恐慌及无助的感觉就会随之而来（既然有"麻烦"了，那除了自叹倒霉，还能怎么办呢）。

我们发现，乐观的人很少会用这些负面的字眼，他们会用正面的字眼来代替。

例如，他们不说"有困难"而说"有挑战"；不说"我担心"而说"我在乎"；不说"有问题"，而说"有机会"。

感觉是否完全不同了呢？

一旦开始使用正面的字眼，心中的感觉就会跟着积极起来了，就会更有动力去面对生活，不是吗？

除此之外，乐观的人也会把一些中性的字眼，变得更正面些。

例如"改变"就是个中性字眼，因为改变有可能是好的，但也有可能越变越糟。

试试看，如果把"我需要改变"，换成"我需要进步"，这就暗示了自己是会越变越好的，自然就会乐观起来了。

所以说话其实需要字字琢磨，只要改变你的负面口头禅，换成正面积极的字眼，你就会立刻感到积极乐观起来。

4. 快速乐观第四步：不抱怨，只解决问题

你信不信，乐观的人所列出的烦恼事项远少于一般人，而他们花在抱怨的时间上也远远少于一般人。

这给了我们什么样的启示呢？

乐观的人在面对挫折的时候，才不会花时间去怨东怪西："都是他搞的鬼……"要不就是："为什么我老是这么倒霉？"

他们共同的态度是："没时间怨天尤人，因为我正忙着解决问题呢。"

确实，当我们少一分钟抱怨时，就会多一分钟进步。

这也正说明了为何乐观的人比较容易成功，因为他们的时间及精力永远用来改善现状。

我想,每个人都有类似的经验:小时候总会跟同学们较劲,一起比赛跑步、比赛踏单车,看谁领先;读书考试时,又会跟同学一起斗考得高分数;直到长大后投身社会工作,在面试中又会斗表现出色,为求获得录取的机会;在职场上,亦不断努力做好工作,务求争取良好的表现,期望得到晋升的机会。

有时,适当的竞争心理或许是一种良好的催化剂。鞭策我们要加倍上进,在个人成长路上会获得更多提升机会;但如果把这份比较的心态应用于生活中的每个细节反而会令自己变得很痛苦。

举例说,很多人会跟当年一起并肩作战的同学保持联络,见面时会不期然互相比较事业成就。

如果同学就业的前景比自己理想,在大机构上班或很快获得晋升的机会,便很容易会产生羡慕或妒忌的心理;眼见别人的职级愈来愈高,或已拥有了私人座驾和物业,不期然就会比较自己是否也拥有同样的东西,甚至比较车子和物业的级数;到了为人父母之后,又会比较谁的子女可以入读名校、谁的挤不进高级学府等。

一切一切,随着个人阅历的增加、年龄的增长,比较总是没完没了。

习惯跟别人比较的人,犹如将自己困在死胡同之中。要知道,这些都是没有建设性的竞争,只会迫使自己迷失方向。

德国著名哲学家和思想家弗里德里希·威廉·尼采(Friedrich Wilhelm Nietzsche)提出了一套名为"超人哲学"的理论,尼采所提及的"超人"定义,是指那些有能力"超越自我"的人,而不是"超越别人"的人。

举个简单例子:在田径场上,你跑赢了我就是天下第一吗?就代表你是世界冠军吗?别忘记,世界冠军的纪录维持没多久便被别人打破了!最重要的,反而是你每天都能比昨天的自己跑快一点。每天都比昨天有一点进步,你才是尼采所描述的"超人"!

他在《查拉图斯特拉如是说》一书提及过:"人类是一条系在动物与超人之间的绳索———一条高悬于深渊的绳索。要从一端越过另一端是危险的,行走于其间是危险的,回头观望是危险的,战栗或踌躇不前都是危险的。人类之所以伟大,正在于他是一座桥梁而非目的;人类之所以可爱,正在于他是一个跨越的过程与完成。"

据尼采上述的说法,人类的生存空间是介乎于超人和动物之间,人类要成为超人,便要通过创造价值来不断超越自我。

例如有些人设定了一些目标，当达成之后，会感到有一份突破了现状的自豪感。

当你学会凡事都跟过往的自己相比，而不是跟别人比较，便会自然获享心灵成长的契机。

魔力悄悄话

要培养乐观一点也不难，就从现在开始，把注意力的焦点从"往后看怨天尤人"，改为"向前望解决问题"就行了。

实际的做法，则是闭口不提"为什么总是我……"，而用另一句话"现在该怎么办会更好"来代替。

在面对不如意时，只要改成这种有效的思维方式，你会发觉自己的挫折忍受力将大为增强，而更容易从逆境中走出来。

四、快乐无处不在

一些人坐在悲观的牢笼里,整天为自己没有快乐而伤心,或等待别人来解救。其实,他们并不知道牢门没有上锁,也没有狱卒把守,只要他们起身走出牢门,就可以寻找到快乐。

享受生活中的快乐和幸福,实在是没有一个固定的模式,到底是怎样生活才算快乐呢?挨饿受饥的人,一顿粗菜淡饭就是美味佳肴了,而养尊处优的人经常食欲不良。在骄阳下耕作的农民,到田头树荫下喝点茶歇半晌,就是莫大的享受。终日坐在书斋中苦读的疲倦书生却是把依靠在床头小睡一会儿当作享受,而病卧床榻的人则是希求能到花园里散步或能在运动场上迅跑。

明朝文学批评家金圣叹在《西厢记》批语中,曾写下他觉得最快乐的时刻,这是他和他的朋友在连下 10 天都未停的阴雨连绵中,住在一所庙宇里归纳总结出来的,一共有 32 则,每则的结尾都发出了真心的"不亦快哉"的感叹。在这些快乐时刻中,可以说精神是和感官紧密联系在一起的。

人生虽然有限,对自由的追求却是无限的,当人们在充分享受自己自由生命的快乐时,一切有限都会被超越,对有限人生的感叹就会消失在享受自由生命带来的愉悦中……

成千上万的人因为忧虑而丧失了快乐,因为他们惧怕接受最坏情况的出现,不肯因此以求改进,不愿意在灾难中尽可能地为自己救出点东西来。

心理忧虑是很多现代人无法摆脱的一种苦痛,一则是竞争压力太大,二则是没有良好的心理疾病处方。其实,成大事者处理忧虑的办法很简单:"我还没有到最坏的境地,因此我应当快乐起来!"

德国有一个酒鬼,疑心自己在一次醉酒中把一个酒瓶子吞了下去。为此他整天忧虑不已,最后到医院要求开刀取出它。医生拿他没办法,只好给他开刀,然后拿出一预先准备好的酒瓶骗他,不料他说他吞下的啤酒瓶不是那个牌子的,医生只好再一次开刀。

生活中，很多这种无根据的忧虑往往不攻自破。生活中一些糟糕的情况常常让你忧虑不已，这里有一个故事或许能给人一些启示。卡瑞尔是一个很聪明的工程师，他开创了空调制造业，后来他成为世界闻名的瑞西卡瑞尔公司的负责人。

"年轻的时候，"卡瑞尔先生说，"我在纽约州水牛城的钢铁公司做事。我必须到密苏里州水晶城的匹兹堡玻璃公司，去安装一架燃气清洁器，目的是清除燃气里的杂质，使燃气燃烧时不至于伤到引擎。这种清洁燃气的方法是新方法，以前只试过一次——而且当时的情况很不相同。

"我到密苏里州水晶城工作的时候，很多事先没有想到的困难都发生了。经过一番调整之后，机器可以使用了，可是并不能达到我们所保证的程度。我对自己的失败非常吃惊，觉得好像是有人在我头上重重地打了一拳。我的胃和整个肚子都开始扭痛起来。

"有好一阵子，我担忧得简直没有办法睡觉。最后，我的常识告诉我，忧虑并不能解决问题。于是，我想出一个不需要忧虑就可以解决问题的办法，结果非常有效。

"这个办法其实非常简单，任何人都可以使用。其中共有三个步骤：第一步，我先使自己不害怕，然后冷静地分析整个情况，然后找出万一失败可能发生的最坏的情况是什么。总之，没有人会把我关起来或是把我枪毙。第二步，发生最坏情况之后，我就让自己在关键的时候能够接受它。之后，我就会轻松下来，感受到所没体验过的一份平静。第三步，从这以后，我就冷静地把我的所有时间和精力，拿来试着改变我在心理上已经接受的那种最坏情况，努力地让它向好的方面转化。"

为什么卡瑞尔的处理方法这么简单却这么实用呢？

从心理学上来讲，它能够把我们从那个巨大的迷雾里拉出来，让我们不再因为忧虑而盲目地摸索。它可以使我们的双脚稳稳地站在地面上，尽管我们已经知道自己的确站在地面上。如果我们没有一个冷静的态度，就像脚下没有结实的土地，又怎么能希望把事情想通呢？

一位应用心理学家曾经告诉他的学生说："你们应该能冷静地面对可能出现的各种情况，因为……能接受既成的事实，就是克服随之而来的任何不幸的第一个步骤。"

一点也不错，在心理上冷静地面对现实，就能发挥出自己最大的能力。当人们接受了最坏的情况之后，就不会再损失什么，也就是说，一切都可以挽救得回来。"在面对最坏的情况之后,"卡瑞尔说,"我马上就轻松下来,感到一种好几天来没有经历过的平静。然后,我就能思考了。"

很有道理,对不对?可还是有成千上万的人,因为拒绝接受最坏的情况,不但不重新构筑他们的财富,却参与了"和经验所做的冷酷而激烈的斗争",终于变成那种颓丧的忧郁情绪的牺牲品。

下面是很多励志书里都介绍过的艾尔·汉里的故事。那是一则很典型的与命运抗争的故事。

1929年,他因为常常发愁得了胃溃疡,有一天晚上,他的胃又出血了,被送到芝加哥西比大学的医学院附属医院里。体重从80公斤降到40公斤。病严重到医生警告汉里,连头都不许抬。三个医生中,有一个是非常有名的胃溃疡专家。他说汉里现在是"已经无药可救了"。只能吃苏打粉,每小时吃一大匙半流质的东西,每天早上和每天晚上都要有护士拿一条橡皮管插进胃里,把里面的东西洗出来。

这种情形经过了好几个月……最后,汉里对自己说:你睡吧,汉里,如果你除了等死之外没有什么别的指望了,不如好好利用你剩下的这一点时间。你一直想在死以前环游世界,所以,如果你不想就这样死去的话,现在就去旅游吧。

当汉里对那几位医生说,他要环游世界,他们都大吃一惊。不可能的,他们从来没有听说过这种事。他们警告说,如果汉里开始环游世界,就只有葬在海里了。"不,我不会的。"汉里回答说,"我已经答应过我的亲友,我要葬在尼布雷斯卡州我们老家的墓园里,所以,我打算把我的棺材随身带着。"

汉里真的去买了一具棺材,把它运上船,然后和轮船公司讲好,万一去世的话,就把尸体放在冷冻舱里,帮他送回到老家去。

从洛杉矶登上亚当斯号轮船向东方航行的时候,汉里就觉得好多了,渐渐地不再吃药,也不再洗胃。不久之后,任何食物都能吃了——甚至包括许多奇奇怪怪轮船停靠地的当地食品和调味品。这些都是别人说吃了一定会送命的。几个星期过去之后,他甚至可以像日本人一样吃那些生鱼,喝几杯老酒。多年来汉里从来没有这样享受过。后来在印度洋上碰到了猛烈的季风,在太平洋上又遇到了台风。这种事情在过去看来,就只因为害怕,也会让汉里自己躺进棺材里,可是现在他却从这次冒险中得到很大的乐趣。

汉里在船上和船员们共同忙碌、唱歌和交新朋友,晚上聊到半夜。他们到了印度之后,发现原先的各种担忧,跟在眼前所见到的贫穷与饥饿比起来，简直像是天堂跟地狱之比。他终止了所有无聊的担忧，觉得非常的知足。回到美国之后，他的体重增加了 50 公斤，几乎完全忘记自己曾患过胃溃疡。他从这次环球旅游所获得的收益不只是健康的恢复，还有了性格上的改变。

魔力悄悄话

　　当今社会真是一个充满美妙感觉的世界，这世界犹如一席人生的宴会，摆出来在由我们去享受。如果能感受到这一点，就会觉得生命之可贵，生命就自由了。但人的生命毕竟是有限的，而这世界是无限的。如何只是用这个有限来对应这无限，当生命即将终结时，我们是不是人人都该号啕大哭一场呢？

五、对自己说"不要紧"

你是否发现不管自己多么努力,总有事情会出错? 有时问题接着发生,一波未平,一波又起。当健康状况好转后,工作又出了差错;或者是工作状况好转后,人际关系又出了差错。有时似乎所有事情都同时出错。

不管怎么努力,生活中的各种问题似乎是接二连三地来考验我们。这究竟是怎么回事?

人生在世,生活本身就充满了一堆问题。事实上不管我们怎么做、怎么想、怎么过生活,问题都是无法避免的。生活平静无波不是你、我或任何人能拥有的,原因在于"每个人评判问题的角度不一样,并生的是非标准也不一样",它们代表了现实和理想的差异。既然总是有差异,那人生就是要去"解决"问题。当解决了一个问题之后,就会由原先的次要问题上升到主要问题,人们解决问题的注意力,当然是被另一个问题替代了。也就是说,每当你解决一个问题,下一个就会浮现。

既然问题不可避免,要想获得快乐和保持心理健康的关键,就在于我们面对问题的方式,是主动迎击而不是去逃避它。如何认清现况和利用可用资源,如何面对问题,这些都会影响未来事情的处理方法和产生的结果。

人生绝不可能不出错的,因为这就是人生。出错往往是因为我们的主观愿望和我们预期的效果不相符。所谓不出错,只不过是和人们预期的效果相符而已。

对一些人来说,人生就像是一场迫切且沮丧的奋斗。和他们大多数人交谈时,他们会告诉你他们的经济窘迫、工作不顺、健康欠佳、人际关系问题以及一切的倒霉事,他们感到恐惧、不安和焦虑,整天烦恼不已。简而言之,他们不能掌控自己的生活,而是生活主宰了他们。

不同的人生反映了我们不同的想法和观点,而这些不同的想法则形成了每个人各自的经验。如果你经常认为自己运气不好,是一个倒霉鬼,事情老出错,生活真不公平,那厄运的确就会一直跟着你。真的就该是倒霉吗?

还是只有你心想事不成呢?但你必须认识到,这都是自己造成的,因为你一直认为自己运气不好,却不自知你的态度正为你带来厄运。表面上看好像我们受制于环境,事实上,我们应该是自己命运的舵手和主宰。就像前面说过的那样,因为看待问题的角度不同,你对人生的认识也会不同。

因此,不管接二连三地遭受了多少生活的磨难和事业的打击,我们都要以乐观的态度去面对世界,面对他人。

一位教育学教授在班上说:"我有三字箴言要奉送各位,它对你们的学习和生活都会大有帮助,而且这是一个可使人心境平和的妙方,这三个字就是:不要紧。"不让挫折感和失望破坏自己平和的心情,这是学会享受生命的重要一课。我们有时往往会自我夸大失败和失望,以为那非常要紧,以至于好像到了或生或死的关头。然而,许多年过去后,回头一看,我们自己也忍不住笑自己,为什么当初竟把那么丁点小事看得那么重要呢?时间是治疗的方式之一,但是学会积极地面对挫折,则能避免长时间的漫长而痛苦的恢复过程,并且能使这个过程变成一段快乐享受的时光。

对自己常说"不要紧",这种非常有效的心理调节方法实际上是建立在一个很深刻的哲学思考上的,即:我们的生命究竟是什么。对这个问题的回答决定着我们对生活价值的判断、生活的行动,当然也就决定着我们生活的心态。有的人把生命看作是占有,占有钱,占有权力,占有财富,占有名利,占有……这样的生命,总是把人生的意义定在某一个点上,当这个点实现后,就开始追逐下一个点。也许在到达某一个具体的点时,有过那么一阵瞬间的快乐,但很快就被实现下一个点的焦虑所代替。在他们这样的人生中,人本身只是一个追逐目标的工具,而不是生活本身。所以,那些人的人生总是被忙碌、焦虑、紧张所充满,患得患失,到死也没能放松地品尝一下生命的美好。而有的人则把生命看作是上天给予的礼物,是一个打开、欣赏和分享这个礼物的过程。因此,这样的人坚信生命本身是快乐,是爱,无论处在什么样的环境中,即使是非常恶劣的环境中,他们也能泰然处之,就像是在游乐园中那样,兴趣盎然地去寻找、发现、享受生命中的乐趣。对于这样的人来说,重要的不是去拥有什么,因为他们知道他们拥有什么并不重要;重要的是他们是什么,是不是真的享有了自己的生命。

德国心理学家理察·卡尔森博士就是看到了这种不同的对待生命的态度,要求人们"想想你究竟想拥有什么而非你想要什么"。他说:"做了十几年的压力顾问,我所见过的最普遍、最具毁灭性的倾向,就是把焦点放在想要什么,而非已拥有什么。不论人们多富有,这似乎没有什么差别。他们总是不断扩充我们的欲望清单,不断攫取也填不满他们的不满足。这些人的心理都在说:'当这项欲望得到满足时,我就会快乐起来。'可是,一旦欲望得到满足之后,这项心理作用却不断重复他最初的想法。"

如果我们得不到自己想要的东西,就不断会想着我们没有什么,继续感到不满足。如果我们如愿以偿得到我们想要的东西,仍然会在新的环境中重复我们的想法。所以,尽管如愿以偿了,我们还是不快乐。

卡尔森博士针对这个问题,提出了他的解决办法:"幸好,还有一个方法可以得到快乐。那就是将我们的想法从我们想要什么转为我们已拥有什么。不要奢望你的另一半会换人,相反地,想想她的优点。不要抱怨你的薪水太低,要心存感激你已有一份工作可做。不要期望去国外度假,多想想自家附近有多好玩。可能性是无穷无尽的!……当你把焦点放在你已拥有什么,而非你想要什么时,你反而会得到更多。如果你把焦点放在另一半的优点上,她就会变得更可爱。如果你对工作心存感激,而非怨声连连,你的工作表现会更好,更有效率,可能会获得加薪。如果你享受在自家附近找娱乐,不要等到去国外再享乐,你得到的乐趣会更多。反正你也已经拥有美好的人生了。"

魔力悄悄话

说"不要紧"不是要使自己变得麻木不仁,对失败挫折无动于衷,而是要变得更敏锐、更智慧,从中看到生命的快乐,使自己在失败的挫折中看到幸运,享受到爱。如果你能这么做,你的人生就会开始变得比以前更好。

六、做传播快乐的使者

奥里森·马登在他所著的《高贵的个性》一书中这样说："我们需要承担一种责任，那就是总是保持快乐的心态，没有其他责任比这更为重要了——通过保持快乐的心态，我们就为世界带来了很大的利益，而这些利益我们自己甚至还不知道。"

在意大利佛罗伦萨市的一座公共建筑物的台阶上，有一位年老的士兵正坐着拉小提琴，他已经残废了。在他的身边站着一条忠诚的狗，它的嘴上衔着这个老兵的帽子，不时地，经过这里的人向帽子里放上一枚硬币。这时有一个绅士路过，他停了下来，向老兵要来了小提琴。他先调了调音，接着就演奏起来。

路人不由得被这个景象吸引住了：在这样一个简陋的场所，一位穿着体面的绅士正在拉小提琴，这真是两个毫不相关的事物！人们纷纷停下了脚步。音乐是如此美妙，路人都情不自禁地陶醉其中。于是，捐给那个老兵的钱的数目也大大增加了。帽子变得非常沉重，以至于那条狗都开始发出呜呜声。帽子里的钱被老兵取空了，但很快地又被装满了。集聚到这里的人越来越多。这位演奏者又演奏了《祖国的天空》系列曲中的一首，然后将小提琴归还给它的主人，很快地就离开了。

其中一个围观者叫了起来："这个人就是世界闻名的小提琴家阿玛德·布切。他出于善意做了这件好事，让我们向他学习吧！"于是，帽子在一个又一个人的手中被传递着，很快又收集到了一大笔捐款，这笔捐款全部给了这个老兵。布切先生并没有拿出自己的一个便士，但他却使老兵的一天沐浴在灿烂的阳光之中。

同样地，还有一个关于米开朗琪罗的故事。他当时名声很大，君主和教皇们也愿意为他的作品支付大笔的钱。有一个小男孩在街上遇见了他，男孩拿着一支破铅笔和一页很脏很脏的棕色纸张，要求米开朗琪罗给他画一幅画。于是，这位伟大的艺术家就坐在路边的石头上，给这个小小的崇拜者画了一幅画。

另外一个动人的故事讲述了有关瑞典杰出歌唱家詹妮·林德的经历，这个故事显示出了她那高贵的品质。有一次，当她正在和一个朋友散步时，她看见一个老妇人摇摇晃晃地走进了一间救济院的大门。于是，她的同情心突然之间被激发了，然后，她也走进这扇大门，假装是要在那儿休息一会儿，她希望借此机会送给这个穷妇人一些有用的东西。

然而，让她吃惊的是，这个老妇人随即开始和她谈起了她所仰慕的"詹妮·林德"。那老妇人说："我已经在世上活了很长很长时间了，在我死之前，我没有别的想法，我只是特别想听听詹妮·林德的歌声。"

"那会让你感到快乐吗？"詹妮问道。

"是啊。但像我这样的穷人是没办法去音乐厅的，所以也许永远听不到她的歌声了。"

"请别那么肯定，"詹妮说，"请坐，我的朋友，听我唱一首吧！"

她开始歌唱，并且带着一种真诚的喜悦，唱了她最拿手的一支歌曲。

老妇人非常高兴，接着又觉得有一点儿困惑，因为那年轻的女子竟然对她说："现在，你已经听过詹妮·林德的歌声了。"

比玫瑰花的香更为甜美的是名誉，而这种名誉是因人类善良、仁慈和无私的本性所带来的；一种随时准备为他人做好事的品格会转化为你自己的力量。"思想上的甜美，"赫伯特说，"会作用于你的身体、服饰和居室。"所以，塞万提斯谈到某个人时，曾经说他的脸就像是对人的一个祝福。而贺拉斯·史密斯则说："彬彬有礼、温文尔雅看起来非常好。"我们的诗人阿姆斯贝理说："具有善良、温柔、优雅的个性，在同情他人时表现得慷慨大方，并且时刻关注你身边那些有教养的人——那么你将受到人们对你的崇敬和赞美。"

是否有过这样一个人，他非常无私，慷慨仁慈，交际很广，并且亲切善良，有着优雅的灵魂，常常为他人着想，并且为周围的人所爱戴？是的，有这样一个人。毋庸置疑，他就是光明使者。

有些人生来就是快乐的。无论他们身处的环境怎样恶劣，他们总是高高兴兴的，对任何事情都很满意。在他们的眼中，他们好像是度过了一个长长的假期，他们的视力所及处处都是愉悦和美丽。当我们遇见他们时，他们给我们的印象好像是刚刚遇见了什么幸运的事情，或者是好像有什么喜讯要告诉我们一样。如同蜜蜂从每朵盛开的花朵中采集完蜂蜜那样，他们还具有一种提炼快乐的炼金术，甚至可以让布满阴霾的天空充满灿烂的阳光。在病房里，对病人来说，他们常常比医生更有用，比药物更有效。所有的大门都向这些人敞开，他们处处受到人们的欢迎。

最迷人的人总是那种拥有最吸引人的品格的人，而不是外表最美丽的人。

我们不必要对如何去感受他的伟大来做一番介绍，如果在一个寒冷的日子，你在大街上遇见这样一个开心的人，你就会觉得似乎气温又上升了几度，天气一下子暖和了许多。

魔力悄悄话

一位真正的人士的两个主要特征，就是注重礼仪和为他人着想使他人快乐。"你会陷入某种绝望悲伤的境地吗？如果会，那么请暂时地忘记它，请保持优雅的仪态。"这些观点是多么适合用来做每个青年人的座右铭啊！

第十章
淡泊，魅力的升华

　　人生贵在淡泊。淡泊是人生的一种坦然，坦然面对生命中的得失；淡泊是人生的一种豁然，豁然对待人生中的进退；淡泊是对生命的一种珍惜，珍惜眼前从不好高骛远。淡泊可以使你真正地享受人生，在努力中体验欢乐，在淡泊中充实自己。拥有淡泊的人是幸福的，淡泊是一种享受，一种修养，一种气质，一种境界。哲学家说，淡泊是一种成熟；思想家说，淡泊是一种美德；教育家说，淡泊是一种智慧；艺术家说，淡泊是一种魅力；科学家说，淡泊是一种发明。

一、不争一时之得失

孟子认为,君子之所以异于常人,便是在于他能时时自我反省。即使受到他人的不合理的对待,也必定先躬省自身,自问是否做到仁的境界,是否欠缺礼,否则别人为何如此对待自己呢?等到自我反省的结果合乎仁也合乎礼了,而对方强横的态度却仍然未改,那么,君子又必须反问自己:我一定还有不够真诚的地方,再反省的结果是自己没有不够真诚的地方,而对方强横的态度依然故我,君子这时才感慨地说:"他不过是个荒诞的人罢了。这种人和禽兽又有何差别呢?对于禽兽根本不需要斤斤计较。"

每个人都生活在社会中,有人的地方自然会有矛盾。有了分歧不知怎么办,很多人就喜欢争吵,非论个是非曲直不可。其实这种做法很不明智,吵架又伤和气又伤感情,不值。不如大事化小,小事化了。俗话说家和万事兴,推而广之,人和也万事兴。人际交往中切不可太认死理,装装糊涂于己于人都有利。

按照一般常情,任何人都不会把过去的记忆像流水一般地抛掉。就某些方面来讲,人们有时会有执念很深的事件,甚至会终生不忘,当然,这仍然属于正常之举。谁都知道,怨恨会随时随地有所回报,所以,为了避免招致别人的怨愤或者少得罪人,一个人行事需小心在意。《老子》中据此提出了"报怨以德"的思想,孔子也曾提出类似的话来教育弟子,其含义均是叫人处事时心胸要豁达,以君子般的坦然姿态应付一切。

《庄子》中对如何不与别人发生冲突也做过阐述。有一次,有一个人去拜访老子。到了老子家中,看到室内凌乱不堪,心中感到很吃惊,于是,他大声咒骂了一通扬长而去。翌日,又回来向老子道歉。老子淡然地说:"你好像很在意智者的概念,其实对我来讲,这是毫无意义的。所以,如果昨天你说我是马的话我也会承认的。因为别人既然这么认为,一定有他的根据,假如我顶撞回去,他一定会骂得更厉害。这就是我从来不去反驳别人的缘故。"

从这则故事中可以得到如下启示：在现实生活中，当双方发生矛盾或冲突时，对于别人的批评，除了虚心接受之外，还要养成毫不在意的功夫。人与人之间发生矛盾的时候太多了，因此，一定要心胸豁达，有涵养，不要为了不值得的小事与别人争吵不休。而且生活中常有一些人喜欢论人短长，在背后说三道四，如果听到有人这样谈论自己，完全不必理睬。

魔力悄悄话

在生活中，很多人往往因为别人的生活方式以及应对态度与己不同，因而排斥对方，认为唯有自己才正确。其实，这种想法是很幼稚的，只要能够遵守做人的原则，那么采取什么生活方式都无所谓。我们不可能要求别人在生活各个方面处处和自己一样，或是事事如己愿，这是极不现实的。如果能认清这个道理，人的心胸就会豁然开朗。

二、吃亏是福

在中国传统思想中，有"吃亏是福"一说。这是哲人们所总结出来的一种人生观——它包括了愚笨者的智慧、柔弱者的力量，领略了生命含义的豁达和由吃亏退隐而带来的安稳与宁静。与这样貌似消极的哲学相比，一切所谓积极的哲学都会显得幼稚与不够稳重，以及不够圆熟。

"吃亏是福"的信奉者，同时也一定是一个"和平主义"的信仰者。林语堂在《生活的艺术》中对所谓"和平主义者"这样写道："中国和平主义的根源，就是能忍耐暂时的失败，静待时机，相信在万物的体系中，在大自然动力和反动力的规律运行之上，没有一个人能永远占着便宜，也没有一个人永远做'傻子'。"

大智者，其行为常常是若愚的。而且，唯有其"若愚"，才显其"大智"本色。其中的"若"这个字在这里很重要，也就是"像"的意思，而不是"是"的意义。以下是唐代的寒山与拾得（他们二人实际上是一种开启人的解脱智慧的象征）两个人的对话。

一日，寒山对拾得说："今有人侮我、笑我、藐视我、毁我伤我、嫌恶恨我、诡谲欺我，则奈何？"拾得回答说："但忍受之，依他、让他、敬他、避他、苦苦耐他、不要理他。且过几年，你再看他。"

那种高傲不可一世的人的结局一定是很尴尬的，而我们也一定可以想象得出拾得的胜利的微笑——尽管这可能是一种超脱圆滑的微笑。不过，它的确会给我们的生活带来一些好处。

"扑满"，就是我们常常说的用瓷或泥做的硬币储蓄盒。在小时候，我们常将父母给的一些零用钱放进去，当这个储蓄盒满的时候，我们就将它打破，而将其中的钱取出来。然而，当它是空的时候，它却可以保全它的自身。

所以，如果我们知道福祸常常是并行不悖的，而且福尽则祸亦至，而祸退则福亦来的道理；因此，我们真的应该采取"愚""让""怯""谦"这样的态度来避祸趋福。所以，像"愚""让""怯""谦"这样道气十足的话，即使不是

157

出于孔子之口，也必定是哲人之言，也是中国传统思想中的一部分。

"吃亏"往往是指物质上的损失，但是一个人的幸福与否，却往往取决于他的心境如何。如果我们用外在的东西，换来了心灵上的平和，那无疑是获得了人生的幸福，这便是值得的。

因此，人最难做到的就是在"吃亏是福"的前提下，认识到两点，一个是"知足"，另一个就是"安分"。"知足"则会对一切都感到满意，对所得到的一切，内心充满感激之情；"安分"则使人从来不奢望那些根本就不可能得到的或根本就不存在的东西。没有妄想，也就不会有邪念。所以，表面上看来"吃亏是福"以及"知足""安分"会让人有不思进取之嫌，但是，这些思想也是在教导人们能成为一个对自己有清醒认识的人，做一个清醒的正常人。因为，一个非常明白的常识——即不需要任何理论就可以证明的是，一切的祸患不都是在于人们的"不知足"与"不安分"，或者说是不肯吃亏而引起的吗？

大多数人总是相信一切都能通过人们的努力而得到改变，但也有些人却认为，人的一切努力都是徒劳的，这两种不同的思想放在一起，就产生出中国传统思想中的一种不朽的东西，即宁肯吃一些亏也要换来非常难得的和平与安全。而在此和平与安全时期之内，我们可以重新调整我们的生命，并使它再度放射出绚丽光芒。

即使在西方，也有这样一种凡事皆不可过贪的思想。因此，古希腊神话总是充满寓意的。伊卡罗斯借装在身上的蜡翼飞得很高，但是在接近太阳时，炽热的阳光烤化了翅膀，他也坠海而死。而他的父亲却飞得很低，安全抵家。一个人往往会随年龄的变化而使自己的思想更为成熟，同时也会更多地减少人生中因为贪婪而造成的错误。

魔力悄悄话

若一个人处处不肯吃亏，处处都想占便宜，于是，骄心日盛。而一个人一旦有了骄狂的态势，难免会侵害别人的利益，于是便起纷争，在四面楚歌之下，又焉有不败之理？

三、淡泊明志,宁静致远

如何看待荣辱?有什么样的人生观自然会有什么样的荣辱观,荣辱观是人生观的重要体现。有人以出身显赫作为自己的荣辱,公侯伯子男,讲究某某"世家",某某"后裔"。在商品经济社会里,荣辱则以钱财多寡为标准。所谓"财大气粗","有钱能使鬼推磨","金钱是阳光,照到哪里哪里亮",以及"死生由命,荣辱在钱","有啥别有病,没啥别没钱"等等俗话正是揭示了以钱财划分荣辱的标准。现实生活中人们的荣辱观确实在金钱诱惑下发生了变异、动摇、失落。还有一种是"以貌取人",把一个人的容貌长相、穿着作为划分荣辱的标准。

以家世、钱财、容貌来划分荣辱毁誉的人,尽管具体标准不同,但其着眼点、思想方法都是一致的。他们都是以纯客观的外在条件出发,并把这些看成是永恒不变的财富,而忽视了主观的、内在的、可变的因素,导致了极端的、片面的错误,结果吃亏的是自己。

在荣辱问题上,能做到"吃亏是福""去留无意",这才叫潇洒自如、顺其自然。一个人凭自己的努力实干,靠自己的聪明才智获得荣誉、奖赏、爱戴、夸耀时,仍然应该保持清醒的头脑,有自知之明,切莫受宠若惊,飘飘然,自觉豪光万道,所谓"给点阳光就觉得灿烂"。无可无不可,宠辱不惊,当如阮籍所云"布衣可终身,宠禄岂可赖"。一切都不过是过眼烟云,荣誉已成为过去,不值得夸耀,更不足以留恋。有一种人,也肯于辛勤耕耘,但却经不住玫瑰花的诱惑,有了点荣誉、地位就沾沾自喜,飘飘欲仙,甚至以此为资本,争这要那,不能自持。更有些人"一人得道,鸡犬升天",居官自傲,横行乡里,他活着就是为了不让别人过得好。这些人是被名誉地位冲昏了头脑,忘乎所以了。

"美德的荣誉比财富的荣誉不知大多少倍。"达·芬奇这样说,他的荣誉观显然是重德轻财的,这也与主张以人格高下来鉴定荣辱的观念是相通的。历来的士大夫阶层的文化人有些精神追求,往往在荣辱问题上采取顺其自然的态度。能上能下，宠辱不惊，只要顺势、顺心、顺意即可。这样一来既可以在条件允许的情况下为百姓做点好事，又不至于为争宠争禄而劳心劳神，去留无意，亦可使自己全身远祸。有时在利害与人格发生矛盾时，则以保全人格为最高原则，不以物而失性。如果放弃人格而趋利避害，即使一时得意，也要长久地受良心谴责。

大凡贪图物质享受的人，他们的生活往往容易陷于糜烂，而精神生活空虚不堪，同时也不会有高尚的品德，因此他们为了能得到更高层次的享受，就不惜用任何手段去钻营名利，甚至于摆出一副卑躬屈膝的态度也在所不惜。

魔力悄悄话

"淡泊明志，宁静致远"，见利让利，出名让名，这种态度可能被某些人认为太糊涂，然而在其背后，自然是比那些人能取得更大的成功。为人处世，如果不本着"君子爱财取之有道"的原则而过分追求生活享受，不但会做出损人利己的举动，还会触犯刑律惹出滔天大祸。

第十一章 做一个自信的人

　　一个充满自信的人,他的面部表情、待人接物、言谈举止都包含着一种积极的内涵,使他在举首投足之间都洋溢着吸引人的魅力,人们往往愿意和他们相处,并能感受到他们全身上下有一股活泼向上的力量。同时,充满自信的人,情绪也表现得相当稳定,即使在困境中,仍能保持高昂的状态,在顺境中更能一往无前。

　　我们要保持自信,在人生的舞台上都应该如此。如果你希望自己是一个让人喜欢、拥戴与追随的人,你就必须相信自己能够或者已经就是这样的人。

一、自信让你拥有魅力

当你进入一个完全陌生的团体中,只需几分钟就可以辨别出哪些人是主角。使他们与众不同的究竟是什么? 是他们的自信吗? 是因为他们知道自己具备了特殊的才能吗? 是他们过去的成就,还是他们懂得运用肢体语言吗? 他们到底具备了哪些人人渴望得到的特质呢?

如果你想要做一个有魅力的人,自信是你必备的条件。一个人很容易树立自己的目标,但却往往容易缺乏自信,那样就会无法吸引他人,说服他人同行。自信可带来信任,使他人相信我们。

一个 5 岁的男孩专心地在厨房餐桌上用蜡笔画画,他的母亲过来问他在做什么。他回答说,"我在画上帝。"

她说:"亲爱的,没有人知道上帝长什么样子。"

男孩充满自信地回答说:"等我画好,大家就知道了。"

这正是大家最欣赏的自信表现。

有自信的领袖可为他人带来积极正面的改变。由美国马萨诸塞州春田大学所做的研究证实了这一观点。这项实验是为了求证学生在没有任何鼓励的状况下,自动自发工作的效果。

研究人员要求孩子画一张人像图。当他们完成后,又要他们再画一张人像,且要求他们这次画得一定要比前次的好。完成后,再给予他们同样的单调命令:"现在再画一个人,要比上次的好。

无论他们画得多糟,没有人嘲笑或批评他们;无论他们画得多完美,也不给予任何赞美或鼓励。只是不断要求他们画另外一张。

你大概可以猜到结果,有些孩子开始生气,并公开表示他们的不满。有个孩子拒绝再画,另外一个说他被"陷害"了,并称这些指导员为"卑鄙的家伙"。但大部分孩子只是面露愤怒,沉默不语,继续做他们乏味、得不到报酬的苦工。

孩子们在一再要求下所画的愈来愈差,而非愈来愈好。

人需要肯定和赞美,才能保证最佳的表现。即使不做消极或吹毛求疵的批评,也远不如给予赞美和积极的夸奖重要。同样的,对工作给予赞赏可提升效率,增加自信,而没有赞美的工作会使人们的热情消退,没有信心。

有心人曾细细研究教皇保罗的生平著述,发觉他以三种看似不同,其实互相有关联的方法使用"自信"一词。保罗在说到自己与神的关系时,六次引用自信,六次谈到自己的信心,在与人相处方面,也有六次提到他的信心。因这三方面均密不可分,所以一定要有平衡点。对自己没信心,会变成失败、软弱的人。对他人没信心,则会多疑和不信任别人。

魔力悄悄话

世界给我们的价值和我们自订的身价大致吻合,自信心就是引领我们具有魅力的重要条件。生活中,若我们都能学会这门功课,我们就能成为一位有魅力的人。

二、增强自信心的方法

年轻人要想增强自己的自信心,可以通过以下五个方法。

第一,拥有成功的经历,是形成自信心最重要的条件。

任何一个人,或多或少总有过让自己自豪及成功的经历,要善于从自己的成功中总结一些规律性的东西。

心理学的研究证明:一个人内在的动力、抱负的层次与其成功的经历是密切相连的。成功的经历越丰富、越深刻,他的期望就越高,抱负也就越大,自信心也就越强。而对于缺乏自信心的人来说,最重要的是寻求成功的机会,并确保首次努力获得成功。

第二,客观正确的期望与评价,会形成一股强大的动力,加强人们的自信心。

当期望较高的评价来自自己所喜欢或所崇敬的人时,一个人的自信心会上升到极大值。

在这种情况下,一个心理成熟的人就会冷静地分析人们对自己的期望和评价是否有根据,是否客观合理,否则,就很容易出现盲目乐观的情绪,因为自信心和盲目性只有一步之差。

第三,正确地进行自我批评,有利于自信心的培养。

每个人都会在自己前进的道路上设立一个又一个目标,近期目标的后面还会出现一个远期目标,每一个目标的设立都应建立在正确的自我评价基础之上。

第四,重视榜样的作用。

一个人不管是自觉的还是不自觉,事实上都在受周围人们的影响。为了充实自信心,你不妨在所熟悉的人中,找寻一个值得自己学习、仿效的榜样,设法赶上并超过他。

不要过多地指责别人。如果你常在心理指责别人,这种毛病就可能成为习惯。应逐渐地克服这种缺点,总爱批评别人的人是缺乏自信的表现。

自信心是相信自己有能力实现目标的心理倾向，是推动人们进行活动的一种强大动力，也是人们完成活动的有力保证，它是一种健康的心理状态。美国教育家戴尔·卡耐基在调查了很多名人的经历后指出："一个人事业上成功的因素，其中学识和专业技术只占 15%，而良好的心理素质要占85%。"自信是成功的保证，是相信自己有力量克服困难，实现一定愿望的一种情感。

有自信心的人能够正确地实事求是地估价自己的知识、能力，能虚心接受他人的正确意见，对自己所从事的事业充满信心。

自信心是一种内在的精神力量，它能鼓舞人们去克服困难，不断进步。高尔基指出："只有满怀信心的人，才能在任何地方都把自己沉浸在生活中，并实现自己的理想。"战胜逆境最重要的是树立坚定的信心，自信心可以使人藐视困难，战胜邪恶，集中全部智慧和精力去迎接各种挑战。

一个人缺乏自信心的时候，常常是把注意力放在了自己身上。一旦注意力放在了自己身上，很容易想着每一个细节，很容易怕出问题。此时此刻，越是怕出问题，越是出问题。一出问题，就像泄了气的皮球。我们经常在球场上看到这种情形。总想着赢球，总想着一旦踢不好如何对不起观众，什么都想，就是不想眼前的球怎么踢，到头来，脚也不听使唤，不仅踢不进球，反而还输球。请记住，自信的人往往将注意力放在自身以外，不自信的人才总是想着自己。

魔力悄悄话

用自我暗示增强自信。就像风一样，可以将一艘船吹向这边，也可以将另一艘船吹向那边；自我暗示既能让你成功，也会使你失败，要看你怎样扬起这"自信之帆"。任何人只要懂得自我暗示的积极力量，就可获得自己想象中的最高成就。

三、展示自信的技巧

应该让自信伴随你生活的左右,充满于你的举手投足之间。生活中常常会遇到一些挫折和风险,而人性中普遍存在着冒险的"动力本能",在它正常发挥时,它能驱使我们充分信赖自己,并利用各种机会发挥我们自己的潜力。有自信的人在行动时总能把潜能充分发挥出来;而那些害怕失败的人,总是面对自身的弱点而不能自拔。如果你认同自己,想发挥自己的聪明智慧,别人也会用同样的态度对待你。下面有几个小技巧,如果试着多加练习,就可以帮你展现自信。

1. 想象自己是完美的化身。这是许多影星、名模表演之前用于提高自信的有效办法,这同样也适合每一个人。在你做每一件事情前,可以先在心中默想曾经有过的成功经验,以及令人愉悦的感受,想象愈具体效果愈好。

2. 以成功者的姿态走入每间屋子。走路的姿态和神情常会在不经意中泄露你的秘密。昂首挺胸,目光坚定,仿佛一切都在你的掌握中,你就会有一种自信的感觉,仿佛你已经拥有了整个空间。

3. 仿效自己心目中的明星。模仿并学习你所仰慕的人具有的美好特质,只要他们具备你所希望的特质,就可以模仿。

4. 用得体的举止展现自我。选择适合自己气质或职业的服装、发型,展现完美的形象。女性切忌穿着过于暴露或大胆,使自己流于低俗。

5. 说话口气应坚定。说话不宜过于急促或细声细气,说话时语调应平稳,不缓不急,音量适当,这能显示出你对所说的内容信心十足。利用呼吸换气时断句,可以避免许多不必要的嗯啊等语病,显得流畅有条理。

6. 大方、自然地接受恭维。大部分人都有自我贬抑的倾向,总是习惯性地将别人的赞美向外推拒,似乎这样才是一种谦虚的态度。但是如此一来,很容易将自己由主动参与转换成被动接受,其实是很不明智的。如果有人恭维你,你尽管用"谢谢"两字大方并且自然地接受赞美,这样可以提升你的自信。

7. "走错一步"比"原地不动"好。任何人在行动时都有可能犯错误,但如果有把握之后再去行动,那就可能什么事情都干不成。如果想得到自己想要的东西,就要去行动,有时候可能还要受一些痛苦与挫折,但绝不要自轻自贱。事实上,有许多潜在的男女英雄,一生中都是在对自我的不信任中度过的,如果他们知道自己潜在的能量,那将有助于他们产生解决问题甚至克服巨大危机的自信心。记住你有这种能量,但若不付诸行动,这种潜在的能量即使再巨大,你也不会发现它。

魔力悄悄话

鼓足勇气,大胆行动。有人认为,小事情干就干了,无需要鼓足勇气。其实,有很多"小事情"也必须经常鼓足勇气去干才行,不鼓足勇气去干,遇到重大危机时更不可能大胆行动。在日常生活中锻炼勇气,在重要场合才能勇敢地行动。